# 비전공자를 위한 양자물리학

# QUANTUM PHYSICS FOR BEGINNERS

Second Edition

# 비전공자를 위한 양자물리학

위대한 발견으로 읽는 양자역학의 핵심 원리

**판테온 스페이스 아카데미** 지음 **남기환** 옮김

에이콘

"내가 더 멀리 볼 수 있었다면,

그것은 거장들의 어깨에 서 있었기 때문이다."

아이작 뉴턴(Isaac Newton)

# 지은이 소개

**판테온 스페이스 아카데미**Pantheon Space Academy

판테온 스페이스 아카데미는 문제와 해답 사이에 다리를 놓는 책을 만든다. 또한, 경력을 쌓고, 사업을 확장하고, 결과를 만들어 낼 지식으로 미래의 지도자이자 혁신가를 성장시킨다.

이들은 과학과 기술 전문가의 도움을 받아 사람들에게 도구와 전략을 제공하고, 많은 돈을 들이거나 몇 주씩 교실에서 수업을 들을 필요 없이 답을 얻을 수 있도록 도와준다. 독자에게 야망을 심어주고, 정보를 제때 전하며, 문제 해결로 가는 길을 안내한다는 신조 아래, 사람들이 단지 꿈이 아니라, 올바른 지식으로 도달할 수 있도록 돕는다.

능력과 활용력을 극대화하고, 소중한 시간을 아끼며, 자신의 분야에 해답을 가져오고 싶은 자기 주도적이고 야심 찬 사람들을 위한 책을 쓰고 있다.

한 권의 책이 사람의 인생을 바꿀 수는 없지만, 두 권이면 충분히 가능하다는 신조 아래, 독자의 도전을 기회로 바꿀 수 있도록 용기를 북돋아 준다.

# 지은이의 말

내가 이 책의 초판Quantum Physics for Beginners: Introduction to Essential Theories, the Behavior of Matter, and How it's Changing Our Lives(2022)을 냈을 때 그 반응을 보고 깜짝 놀랐다. 독자들이 나이를 가리지 않고 자신의 생각, 질문, 이론, 발상을 공유했기 때문이다. 그중, 가장 많은 요청은 양자역학을 탄생시킨 거장들을 더 친근하고 자세히 소개해 달라는 것이었다. 특히 그들의 발견 뒤에 놓인 인내와 창의성, 그리고 그러한 연구를 가능하게 한 삶의 배경에 깊은 관심이 모였다.

초판에서 놓친 것은 분명했다. 저 위대한 물리학자들의 인간적 면모, 즉 그들의 투쟁, 업적, 그리고 개인적 여정이 과학적 발견에 어떻게 기여했는지에 대한 설명이 부족했던 것이다. 나는 개인의 시련이 그의 철학과 사고방식에 미치는 영향에 매혹됐다. 고통은 과학자들에게 단순한 환경변수가 아니라 능력을 끝까지 밀어붙여 자연법칙을 새로 규명하게 하는 숨은 동력이었다. 이들의 저력은 오늘 우리에게도 충분한 영감이 된다.

이번 책에서는 양자물리학에 가장 큰 영향을 끼친 과학자 열 명을 선정해 이들의 개인적 삶과 경험에 초점을 맞춘 '과학의 거장들The Giants of Science'이란 내용을 PART1에 배치해 그 간극을 메우고자 한다. 이를 통해 독자는 과학이 단지 지식 체계가 아니라 실패, 결단, 재능이 어우러진 인간의 근본적 탐구 과정임을 깨닫게 될 것이다. 그 이론들이 탄생한 개인적 맥락을 이해한다면 독자 여러분은 양자물리학을 보다 깊이 있고 생생하게 이해할 수 있을 것이다.

나는 독자 여러분이 이 책을 읽은 뒤 나와 같은 영감을 얻길 바란다. 거장의 삶을 살펴보면 일정한 패턴을 찾을 수 있다. 과연 이들의 여정 속에서 공통적으로 드러나는 순간이나 연결 고리를 찾을 수 있을까? 그들의 이야기는 연구실을 넘어 더 넓은 세계까지 울림을 전하며, 과학과 인류의 정신에도 깊은 영감을 줄 것이다.

독자 여러분이 1판에서 다뤘던 이론과 실험을 직접 들여다보고 싶다면, 이 책의 PART2부터 읽기를 권한다. 양자물리학의 발견 뒤에 감춰진 인간적인 이야기를 찾아볼 준비가 됐을 때는 PART1으로 돌아와서 양자물리학의 모습을 만들어 낸 개인의 이야기와 연결시키면 된다. 어떤 순서로 읽든, 우주에 대한 우리의 이해를 혁신한 탁월한 사상과 더 깊이 연결되고 새로운 통찰을 얻게 되기를 바란다.

# 옮긴이 소개

**남기환**(snowall@gmail.com)

광주과학기술원과 카이스트를 거쳐 현재 레이저 광 모듈 업체에서 연구원으로 재직 중이다.

# 옮긴이의 말

최근 양자컴퓨터가 기존 컴퓨터 기술을 초월해 새로운 패러다임을 만들 것처럼 각광받고 있다. 이에 힘입어 그 작동 원리인 양자역학도 주목받고 있다. 하지만 양자역학은 우리가 일상에서 자연스럽게 관찰하고 깨달을 수 있는 고전역학과 달리, 눈에 보이지 않는 미시 세계와 그 안에 있는 입자들의 비상식적인 움직임을 설명하는 이론이다. 아무리 쉽게 설명해도 누구나 이해하기는 어렵다. 대중적 관심이 커졌지만, 이러한 난해함은 쉽게 줄어들지 않아 양자역학은 여전히 많은 사람에게 신비로운 주장처럼 느껴지곤 한다.

양자역학은 난해한 물리학 이론이라 물리학을 전공하지 않은 독자들이 쉽게 소화하기 어렵다. 그렇지만 양자역학을 발견한 과학자들의 사고방식과 연구 과정을 이해한다면 이 이론을 훨씬 부드럽게 받아들일 수 있을 것이다. 이 책의 강점은 난해한 이론을 일상적 비유로 쉽게 풀어낼 뿐 아니라 과학자들의 생애, 개인적 고뇌 그리고 어려운 조건 속에서도 연구를 계속한 열정까지 함께 담아냈다는 점이다.

양자역학이 발전한 19세기 말에서 20세기 초는 전 세계적으로 혼란의 시대였다. 산업화로 인한 생산력 증대와 함께 국제적 충돌과 전쟁이 격화됐고, 무수한 사람들이 고통받았다. 과학자들도 이 역사적 격변 속에서 예외가 아니었다. 하지만 양자역학은 이러한 거친 폭풍 속에서도 연구를 계속한 학자들에 의해 점진적으로 발전했다. 그들이 마주한 도전은 물리학 문제에 그치지 않았다. 양자역학의 발전은 혁신적이면서도 파괴적이었기에, 자신의 연구가 가져올 세계적 영향을 직시해야 했다.

익숙하지 않은 독자가 추상적인 물리학 이론을 가공되지 않은 수식과 그래프로 곧장 접하면 거부감을 느끼기 쉽다. 그러나 아무리 어려운 이론도 결국은 인간이 세상을 설명하기 위해 만든 이야기다. 적절한 맥락과 인간적 요소를 더하면 훨씬 이해하기 쉬워진다. 이 책에는 그림이 한 장도 없지만 적절한 비유와 설명을 통해 독자의 머릿속에 생생한 이미지를 그려낸다. 끝까지 읽고자 하는 독자의 집중력만 있다면 이 책을 충분히 따라갈 수 있다.

우리는 과학자들이 양자역학을 발견하고 응용해 만든 다양한 전자 장치를 사용하며 편리한 생활을 누리고 있다. 그러나 양자역학이 어떻게 발전했고 그 본질이 무엇인지 구체적으로, 심지어 직관적으로도 제대로 이해하지 못하는 경우가 많다. 독자 여러분이 이 책을 통해 그 본질에 한 발짝 다가설 수 있다면 이를 번역해 소개하는 역자로서 그리고 물리학과 양자역학을 사랑하는 한 명의 과학자로서 보람 있는 작업이었다고 생각한다.

# 차례



## PART 1

## 과학의 거장들

## PART 2

# PART 1

# 과학의 거장들

대표적인 양자 물리학자 열 명의
개인적인 도전과 성공에서
어떻게 과학적 혁신이 탄생했을까?

# 소개

"어디선가, 무언가 놀라운 사실이 알려지기를 기다리고 있다."

칼 세이건(Carl Sagan)

일반적으로 과학적 혁신이라고 하면 칠판 위에 갑자기 쓰여진 공식이나 하늘에서 뚝 떨어진 듯한 번뜩이는 아이디어를 떠올리기 쉽다. 하지만 과학은 인생만큼 복잡하다. 옷감에서 씨줄과 날줄을 분리할 수 없듯 양자물리학을 만든 위대한 물리학자들의 개인적 면모는 전문가적인 모습과 나눌 수 없다. 과학의 거장들은 훌륭한 학자였을 뿐만 아니라 아들이었고, 아버지였으며, 친구였고, 멘토였다. 다시 말해 우리 모두와 마찬가지로 인간적인 어려움을 마주치고 헤쳐나가는 사람들이었다.

이 과학자들이 살았던 세계를 생각해 보자. 이들은 어마어마한 정치적 대격변, 도덕적 모순, 사회적 변화가 있던 시대 속에서 연구했다. 이 과학자들의 삶의 궤적에는 그들이 받은 과학 교육은 물론이고 세계대전, 망명, 이데올로기 분쟁도 영향을 미쳤다. 과학자들이 고민한 것은 양자 세계의 신비만이 아니었다. 자신이 발견한 사실이 지닌 윤리적 의미와 씨름하기도 했다. 그들의 업적은 사회에 어떻게 영향을 미쳤을까? 과학자들은 순수한 과학적 탐구와 그것이 가져올 혁신적 변화 사이에서 어떻게 균형을 찾았을까? 이러한 질문들은 단순히 학문적 관심사를 넘어서 매우 개인적인 의미를 담고 있다.

이들의 이야기는 방정식이나 실험실의 경계를 훌쩍 넘으며, 협력과 갈등이 뒤섞인 인간관계는 이들의 발견에 결정적인 영향을 미쳤다. 어떤 이들은 깊은 우정 속에서 새로운 아이디어에 활력을 불어넣었고, 또 어떤 이들은 서로 싸우며 그 과정에서 자신의 이론을 날카롭게 다듬었다. 이러한 인간적 관계는 지식을 확장하려는 집단적 노력과 맞물려 발전을 이끌었다. 과학이란 한 명의 천재가 만들어 내는 것이 아니라, 같은 목표를 향해 나아가는 수많은 연구자의 투쟁과 협력의 역사임을 다시금 일깨워 준다.

모든 중요한 성취 뒤에는 불확실성과 의심, 심지어 실패의 순간들이 있었다. 그러나 그들은 이를 딛고 하나로 뭉쳐서 더 나아가기로 결심했다. 과학자들은 우리와 마찬가지로 실패에 대한 두려움, 좌절, 희망, 야망 같은 감정을 공유한다. 그러나 인내와 호기심, 역경 속에서 배우려는 태도는 결국 우리 시대의 가장 위대한 진보를 가능하게 했다.

따라서 여러분이 이 선구자들의 삶을 탐구하려면 이들이 살았던 세계와 만들어낸 관계, 그리고 극복했던 도전을 생각해 봐야 한다. 이들의 이야기는 실험실에 머물지 않는 교훈을 주며, 우주의 본질과 인간 정신의 본성에 대한 깊은 통찰을 선사한다. 무엇이 이 과학자들로 하여금 현실 그 자체의 구조에 의문을 품게 만들었을까? 이제 책장을 넘겨서 우리가 세상을 바라보는 방식을 바꿔 버린 정신을 탐구해 볼 시간이다.

## 막스 플랑크

# 전통과 혁신의 만남

어떤 현상이든 고전물리학으로 설명하려는 보수적 사고방식은, 역설적이게도 혁신적 개념이 등장하는 무대가 되곤 한다. 플랑크는 안정과 전통에 가치를 둔 19세기 독일에서 태어났으며, 이런 시대적 배경은 그의 지적 여정에 깊은 영향을 줬다. 플랑크는 자연이 예상할 수 있고 연속적인 법칙을 따른다는 믿음으로 고전물리학을 받아들였으며, 과거에 대한 깊은 존경심으로 모든 해답을 이미 정해진 이론 체계에서 찾으려고 했다. 하지만 흑체복사black-body radiation 문제는 그를 안전지대에서 조금씩 밀어냈다.

### 양자역학을 향한 플랑크의 여정

급속히 공업화되며 과학 혁신의 중심지로 떠오르던 베를린에서 플랑크는 학문적 분위기에 흠뻑 젖어 들었다. 그러나 전통적 학문을 충실히 따르던 그에게 흑체복사 문제는 완전히 새로운 세계로 들어가는 관문이었다. 물리학자들이 오랫동안 신봉해 온 고전적 이론으로는 가열된 물체에서 방출되는 복사 스펙트럼의 실험 결과를 설명할 수 없었다. 플랑크는 이제 갈림길에 서 있었다. 그리고 전통에 머무를지, 혹은 미지의 세계로 모험을 떠날 것인지 선택해야 했다.

흑체 복사에 대한 혁신적 연구에서 플랑크는 에너지의 양자화를 제안했다. 에너지는 연속적으로 존재하지 않으며 분리된 덩어리, 즉 '양자들quanta'로 전달된다는 것이다. 처음에는 플랑크조차 이것을 물리학의 근본적인 전환이라기보다는 단지 수학적 기법이라고만 여겼다. 그러나 그가 세운 공식, $E = h\nu$는 이후 양자이론의 토대가 됐고, 여기서 등장한 h가 바로 플랑크 상수Planck's constant다.

## 급진적 아이디어의 도입

플랑크 상수 h는 플랑크가 흑체 복사의 수수께끼를 풀기 위해 노력하는 과정에서 탄생했다. 그 시대에 고전물리학이 예측하기로는 파장이 짧아질수록 방출된 에너지가 무한대로 증가하는데, 이를 '자외선 파국Ultraviolet catastrophe'이라고 한다. 이 역설에 따르면 가열된 물체에서 방출되는 에너지가 (자외선처럼) 높은 진동수로 가면 무한대가 나온다고 예측되는데, 이는 실제 관찰 결과와 맞지 않았으며 고전물리학의 한계를 분명히 보여 줬다. 플랑크는 필사적으로 답을 찾다가 원자 진동자의 에너지, 즉 복사광을 방출하는 원자에서 진동하는 입자는 복사광의 진동수에 비례하는 불연속적인 값들만 가질 수 있다고 제안했는데, 이 진동수는 빛과 같은 전자기파가 전달하는 에너지를 뜻한다. 이런 급진적 아이디어가 바로 양자이론을 탄생시켰다.

처음에는 플랑크 자신도 이 발견의 중요성을 완전히 깨닫지 못했다. 그는 혁명 앞에서 머뭇거렸다. 하지만 플랑크 상수는 양자역학의 초석이 됐으며, 에너지와 물질을 이해하는 방식을 근본적으로 바꿨다. 주저했던 그의 아이디어가 결국 과학 혁명의 불씨가 된 것이다.

## 개인적 고난, 과학적 업적

플랑크가 자신의 양자 혁신의 의미와 싸우고 있을 때, 그의 개인적 삶에는 크나큰 비극이 찾아왔다. 1909년 아내 마리Marie가 갑자기 세상을 떠난 것이다. 플랑크는 아내를 잃은 슬픔에 빠졌지만, 이때 평생의 열정을 준 음악이 그에게 위안을 줬다. 플랑크는 재능 있는 피아니스트로, 그의 집은 바흐와 베토벤의 음악 소리로 가득 찼다. 이 순간 예술과 과학 사이의 경계는 흐릿했고, 플랑크는 물리학을 통해 우주에서 질서를 찾듯이 음악의 구조와 아름다움에서 평온을 찾았다.

그러나 비극은 제1차 세계대전 중에도 계속됐다. 플랑크가 두 아들을 잃어야 했기 때문이다. 큰아들 칼Karl은 전투 중 전사했고, 둘째 에르빈Erwin은 히틀러 암살 시도에 연루돼 처형됐다. 이러한 개인적 비극 속에서도 플랑크에게 연구는 버팀목이자 몰두할 목표였다. 잇따른 깊은 슬픔 속에서도 그는 과학을 향한 열정을 놓지 않았고, 이는 그의 인간적 강인함과 놀라운 회복력을 보여 준다. 이는 75년이 훨씬 지난 오늘날에도 우리에게 깊은 인상을 준다.

## 공동 연구

플랑크는 혼자 힘으로 성공을 이뤄낸 것이 아니다. 여러 과학자와의 협력과 교류는 양자이론이 발전하는 데 핵심적인 역할을 했다. 플랑크는 처음엔 자신의 발견에 대해 소극적이었지만, 그의 연구는 곧 젊은 아인슈타인의 관심을 사로잡았다. 아인슈타인은 플랑크의 양자 아이디어에 매혹돼 플랑크의 연구를 바탕으로 광전 효과photoelectric effect를 설명했는데, 이것은 빛 자체가 광자Photon라는 입자로 양자화될 수 있음을 증명했다. 이 획기적 발견으로 아인슈타인은 노벨상을 받았고, 플랑크 상수는 양자이론의 핵심 요소로 자리 잡았다.

플랑크와 아인슈타인의 관계는 단순한 지적 동반자 관계를 넘어 깊은 우정으로 이어졌다. 두 사람은 서로의 지성을 진심으로 존중했을 뿐 아니라, 때때로 플랑크의 베를린 자택에서 함께 음악을 연주하곤 했다. 플랑크는 피아노를, 아인슈타인은 바이올린을 연주하며 베토벤의 선율에 완전히 몰입했다. 이렇게 만들어진 이중주는 창의성과 과학이 어우러진 순간으로, 두 사람에게 오래도록 영향을 미쳤다. 학문적 열정과 개인적 삶이 완벽하게 어우러진 장면이었다.

## 플랑크의 혁명적 역할

플랑크는 놀라운 기여를 이뤄냈음에도 자신이 시작한 혁명 앞에서 깊은 내적 갈등을 겪었다. 그는 오랫동안 에너지 양자화 개념을 흑체복사 문제를 해결하기 위한 단순한 수학적 도구로만 여겼고, 양자역학으로의 급진적 전환에 회의적이었다. 플랑크는 가능한 한 자신의 발견을 고전물리학의 틀 안에 두려 했는데, 이는 아마도 전통에 대한 그가 가진 깊은 존중에서 비롯된 것이었을 것이다. 이러한 성향은 늘어나는 증거에도 불구하고 자신이 만든 개념이 물리학의 미래를 뒤바꿀 잠재력을 지닌 사실을 늦게 깨닫도록 만들었다.

과학계에서도 플랑크의 아이디어는 서서히 받아들여졌다. 많은 전통적인 물리학자는 에너지는 연속적이고 측정 가능한 양이어야 한다는 믿음을 고수하며 양자화된 에너지 개념을 거부했다. 양자역학이 가진 예측 불가능성과 확률적 특성은 당시 지배적이던 결정론적 우주관과 정면으로 충돌했다. 그럼에도 플랑크는 비판을 견디며 자신의 이론을 꾸준히 발전시켜 나갔다.

처음에는 머뭇거리며 소극적이었지만, 플랑크는 결국 이 젊은 과학자들의 멘토가 돼 자신의 아이디어를 확장하도록 이끌었다. 그가 보여 준 개방성과 협력적 태도는 양자이론의 발전에 결정적인 역할을 했다. 그는 젊은 연구자들이 고전물리학의 한계를 넘어 미지의 영역을 개척할 수 있는 토대를 마련해 준 셈이었다.

외부에서 보면 분필이 날리는 칠판 앞에서 고뇌하는 방정식 중심의 논의가 다소 지루해 보일 수 있지만, 그 공간에 있던 사람들에게는 새로운 발견을 향한 열정과 활발한 토론으로 가득 찬 순간들이었다. 플랑크는 언제나 침착하고 사려 깊게 젊은 학자들의 목소리에 귀를 기울였고, 새로운 관점을 받아들이며 스스로의 생각을 고쳐 나갈 만큼 겸손하고 개방적이었다. 특히 보어는 플랑크가 보어의 원자 모형을 기반으로 양자화 연구를 했기에 이 부분에서 도움을 줬다. 하이젠베르크는 플랑크 상수에 영감을 얻어 불확정성 원리uncertainty principle를 정립했는데, 이는 양자 세계의 확률적 특성을 확장해 양자역학의 주춧돌이 됐다. 이들에 대해서는 나중에 자세히 살펴보겠다.

## 플랑크 상수의 유산

이제 우리는 플랑크가 시간이 지나면서 자신의 연구에 내포된 더 넓은 뜻을 받아들였음을 안다. 플랑크 상수는 양자역학의 발전의 핵심이 돼, 하이젠베르크의 불확정성 원리에서 슈뢰딩거 방정식까지 모든 이론의 토대가 됐다. 또한 플랑크 상수는 단지 과학적 도구를 넘어서 고전 물리학의 결정론적이고 예측 가능한 법칙에서 양자역학의 확률적이고 불확실한 세계로의 전환을 상징하는 과학사적 변곡점이 됐다.

플랑크의 발견은 충분한 정보만 있으면 모든 것을 예측할 수 있다는 뉴턴의 기계론적 우주관에 근본적인 도전을 제기했다. 플랑크는 불확정성의 개념을 도입했고, 확률에 의해 자연이 작동함을 제안했다. 이러한 아이디어는 과학뿐만 아니라 철학에까지 혁명을 일으켰으며, 인류가 우주를 완전히 이해할 수 있는가라는 근본적인 물음을 던졌다. 플랑크 상수는 인간 지식의 한계를 상징하는 동시에 물리와 철학, 예술, 문학 분야의 담론에도 깊은 영향을 미쳤다. 여기서 불확정성이란 개념은 근대성과 변화와 씨름하는 세계에 잘 어울렸다.

고전물리학자에서 양자이론의 아버지로 거듭난 플랑크의 여정은 열린 사고와 굳건한 의지를 보여 주는 증거다. 그는 커다란 개인적 상실, 동료들의 비판, 자신의 이론이 원래 의도를 넘어 확장되며 생긴 내적 갈등을 견뎌야 했다. 그러나 플랑크가 남긴 유산은 분명하다. 과학과 삶 모두에서 가장 위대한 혁신은 세계에 대한 질문을 멈추지 않는 태도에서 비롯된다.

## 마무리

플랑크의 삶은 전통과 혁신, 개인적 슬픔과 전문적인 성취 사이의 특출난 균형 감각으로 요약할 수 있다. 그의 인내와 겸손은 양자역학의 토대를 놨고, 후배 과학자들에게 영향을 줬다. 플랑크는 우리에게 개인의 투쟁은 버거울 수 있더라도, 그 투쟁은 또한 엄청난 발전과 발견의 원천이 될 수도 있음을 가르쳐줬다. 방정식과 상수 뒤에 놓인 것은 사랑, 상실, 회복탄력성, 궁극적으로는 혁명이라는 강력한 인간의 이야기다.

변화를 수용하고 새로운 아이디어를 다듬으며, 플랑크는 미래 세대 과학자들에게 자신의 연구를 더 확장하고 자연에 대한 이해를 더 증진시킬 수 있는 무대를 마련했다. 이제, 반항아에서 과학의 상징이 된 알베르트 아인슈타인의 삶과 업적을 알아보겠다.

# 알베르트 아인슈타인
# 반항적인 천재

알베르트 아인슈타인Albert Einstein이 평범한 학생에서 과학계의 거장으로 성장한 과정도 우여곡절로 가득하다. 역사상 가장 위대한 사상가 중 한 사람으로 기억되는 그이지만 어린 시절 학교에서 겪은 갈등은 그가 학문의 길을 포기하게 만들 뻔했다. 이렇듯 그의 여정은 결코 순탄치 않았으나 바로 그 시련들이 현대 물리학의 거장을 탄생시키는 결정적 요소가 됐다. 젊은 시절을 살펴보면 도전과 전통을 벗어난 결정이 중대한 성취로 향하는 길을 어떻게 이끌었는지 더 깊이 이해할 수 있다. 여기서는 회복탄력성, 창조력, 그리고 틀을 깨는 사고의 중요성을 살펴본다.

### 특허청 직원에서 과학의 상징으로

흔히 아인슈타인을 떠올릴 때면 헝클어진 머리카락에 눈을 반짝이며 철학적 통찰과 별난 유머 감각을 가진 활달한 천재를 연상한다. 하지만 그의 삶이 개인적 투쟁, 학업적 좌절, 자기 의심으로 점철됐음을 아는 이는 많지 않다. 그의 초기 학창 시절은 뛰어남과는 거리가 멀었다. 십 대 시절, 아인슈타인은 학교에서 심각한 어려움에 부딪혔다. 학교의 경직된 교육 방식이 그의 창의성을 억압하고 지적 호기심을 꺾어 놨기 때문이다.
수학과 물리학에 관한 열정이 높았음에도 불구하고 아인슈타인의 스승 대부분은 그를 평범한 학생으로만 여겼다. 그는 호기심보다 순종을 중시하는 교사들과 충돌했고, 그 결과 아인슈타인에겐 낮은 성적과 징계가 이어졌다. 이러한 좌절이 정점에 도달하자 아인슈타인은 열다섯 살에 학교를 떠나야 했다. 어린 아인슈타인에게 전통적 교육의 획일화된 환경은 좌절감을 안겼고, 그의 반항적 성향은 교사들과 갈등을 빚었다. 이러한 고민은 오늘날 젊은 독자들에게도 낯설지 않을 것이다. 많은 사람이 전통적 교육 체제 속에서 자신의 개성과 호기심이 억압된다고 느끼기 때문이다. 나 또한 그랬다. 하지만 아인슈타인의 이야기는 중요한 사실을 일깨워 준다. 학창 시절의 좌절과 부적응은 그에게 독창적인 길을 개척할 용기를 줬고, 기존의 고정관념을 넘어서는 창의력과 지적 자유를 추구하게 만드는 원동력이 됐다.

학교를 그만둔 뒤 아인슈타인은 불확실한 미래와 마주해야 했다. 결국 스위스에서 학업을 마쳤지만 그만의 독특한 학문적 접근 방식과 하인리히 베버Heinrich Weber 같은 교수와의 갈등은 과학계에서의 취업을 어렵게 만들었다. 아인슈타인은 똑똑하고 다재다능했지만, 과학계에서 자신이 설 자리를 찾기 위해 끊임없이 싸워야 했다. 강사직이나 연구원 자리를 얻지 못한 그는 결국 스위스 특허청에 취직했다. 이는 많은 사람에게 일종의 실패처럼 보였고, 과학자로서의 야심 찬 진로가 좌초된 것처럼 여겨졌지만, 오히려 아인슈타인에게는 독특한 아이디어의 원천이 됐다.

스위스 특허청에서 그는 기계 발명품과 전기 장치를 비롯한 다양한 특허 출원서를 검토하고 분석하는 업무를 맡았다. 일면 단조로워 보이는 특허청 업무는 세심한 주의력과 꼼꼼한 검토를 요구했지만, 동시에 물리학의 근본적 문제를 깊이 사색할 수 있는 여유를 제공했다. 상급자의 감시나 압박에서 벗어나 상대적으로 자유로운 환경에서 그는 자신의 가장 혁신적인 아이디어들을 조용히 발전시켜 나갈 수 있었다. 이는 겉보기에 무관해 보이는 업무가 한 개인의 지적 성장에 어떻게 기여할 수 있으며 올바른 관점과 태도를 지닌다면 어떤 상황에서든 의미 있는 통찰을 얻을 수 있음을 보여 주는 명확한 사례가 됐다.

아인슈타인이 특허청에서 보낸 시간이 주는 가장 중요한 교훈 중 하나는 관습적이지 않은 사고의 가치다. 전통적인 학계의 길을 따르는 대신 자신이 처한 특수한 환경을 창조적 장점으로 활용했다. 발명품을 분석하는 과정은 그가 기존의 틀을 벗어나 문제를 새로운 시각에서 바라보도록 훈련시켰고, 이는 곧 아인슈타인 특유의 사고방식으로 이어졌다. 아인슈타인의 경험은 모든 순간이 의미를 지닐 수 있으며, 어떤 상황에서도 혁신적 아이디어가 피어날 수 있음을 명확히 보여 준다.

## 발견으로의 항해

아인슈타인은 스위스와 독일 호수에서 항해를 즐겼다. 그가 즐겨 찾았던 곳 중 하나는 제네바 호수로, 취리히 거주 시절과 그 후 방문 때마다 많은 시간을 보냈다. 또한 독일, 스위스, 오스트리아 삼국 접경에 위치한 콘스탄스 호수에서도 항해를 즐겼다. 항해는 그에게 고요한 휴식과 학계의 중압감에서 벗어나 성찰할 수 있는 시간을 선사했다. 물 위에서 그는 조용히 사색에 잠기곤 했다. 이는 고독을 사랑하는 그의 성향과 과학 연구의 긴장에서 벗어나고자 하는 욕구를 잘 보여 준다.

그의 가장 뛰어난 사고 실험thought experiment 중 몇 가지는 이처럼 물 위에서 휴식을 취하는 동안 탄생했다. 복잡한 방정식과 소란스러운 강의실을 벗어난 항해는 아인슈타인에게 단순한 도피처가 아니라 창조적 사고에 활력을 불어넣는 원동력이었다. 자연의 신비를 깊이 사색하는 동안 그는 종종 자아를 망각하곤 했다. 항해 중 아인슈타인은 빛이 단순한 파동이 아니라 불연속적인 입자라는 착상을 얻었고, 시간과 공간이 절대 불변의 것이 아니라 관찰자의 운동에 따라 상대적으로 변한다는 개념을 구상했다. 이러한 순간은 아인슈타인에게 물리학 역사상 가장 혁명적인 해가 도래하기 전 명료한 통찰을 안겨줬다.

## '기적의 해'

1905년, 아인슈타인의 '기적의 해Annus Mirabilis'는 그의 학술 생애에 있어 가장 놀라운 전환점이었다. 단 1년 동안 아인슈타인은 네 편의 혁명적인 논문을 발표했고, 이는 물리학의 패러다임을 완전히 바꿔 놓았다. 이 논문들은 브라운 운동Brownian motion부터 질량-에너지 등가성에 이르기까지 광범위한 주제를 다뤘으며, 각각은 현대 물리학과 양자역학의 근간이 됐다. 이 시기는 아인슈타인의 삶에서 지속적인 탐구와 깊은 몰입이 개인의 잠재력을 어떻게 현실화할 수 있는지를 명확히 보여 주는 사례다.

이 해에 발표된 가장 중요한 논문 중 하나는 아인슈타인의 특수 상대성이론으로, 이는 시간과 공간에 관한 기존 상식을 근본적으로 뒤집었다. 아인슈타인은 시간과 공간이 절대적이지 않으며 관찰자에 따라 상대적이라고 주장해 당시 과학자들이 우주를 이해하던 방식을 바꿨다. 이 이론은 훗날 아인슈타인의 유명한 공식 $E=mc^2$로 집약됐다. 이는 에너지와 질량이 동등하다는 뜻이다. 이 원리는 원자력 에너지에서 우주론에 이르는 모든 것에 대해 엄청난 의미를 갖는다.

동시에 광전 효과photoelectric effect에 대한 아인슈타인의 연구는 당대에 알려진 과학적 상식을 벗어나 생각하는 그의 능력을 보여 준다. 이 논문에서 아인슈타인은 빛이 전통적으로 생각했던 대로 파동일 뿐만 아니라 입자, 즉 '양자'이기도 하다고 주장했다. 이 혁신적인 아이디어는 빛의 양자적 본질에 대한 첫 번째 실질적인 증명을 제시했고, 잘 정립된 빛의 파동이론에 도전했다. 광전 효과에 대한 아인슈타인의 연구는 양자역학 발전에 결정적인 기여를 했으며, 이로 인해 1921년 노벨물리학상을 받게 됐다.
이 기간 동안 아인슈타인은 양자역학의 핵심 인물들, 특히 막스 플랑크의 주목을 받기 시작했다. 양자이론의 아버지로 불리는 플랑크는 아인슈타인의 아이디어의 중요성을 간파했고, 자신의 논문에 그 아이디어를 공유하며 학계에 널리 알리는 데 적극 나섰다. 물리학계 최고 지성들의 만남은 단지 전문가들의 연합일 뿐만 아니라, 아인슈타인에게 절대적으로 필요했던 인정과 용기를 주는 개인적 연결 고리이기도 했다. 플랑크의 이러한 행동은, 아무리 뛰어난 학자라 할지라도 멘토링과 협업을 통해 더 큰 성취에 도달할 수 있음을 보여 준다.

## 아인슈타인 이론의 발전

광전 효과에 관한 아인슈타인의 발견은 그가 양자물리학에 기여한 업적 가운데 가장 중요한 것으로, 그의 혁신적 사고와 문제 해결 능력을 잘 보여 준다. 빛의 파동이론이 널리 받아들여지던 시대에 아인슈타인은 빛이 입자, 즉 광자Photon로도 행동할 수 있다는 대담한 제안을 했다. 이 급진적인 개념은 과학자들로 하여금 빛의 본질을 근본적으로 고민하게 만들었고, 양자역학 발전의 토대가 됐다.
그 이론을 뒷받침하기 위해 아인슈타인은 정밀한 실험을 진행했다. 핵심적 실험 중 하나는 빛을 조사한 금속 표면에서 방출되는 전자의 운동에너지를 측정하는 것이었다. 이 실험에서 빛의 세기가 커짐에 따라 방출된 전자의 수가 늘어남을 확인할 수 있었다. 반대로 빛의 진동수가 커짐에 따라 전자의 수는 변하지 않고 운동에너지는 커졌다. 이러한 발견은 광자의 존재에 대한 확실한 증거를 제시했고, 아인슈타인의 이론의 타당성을 명확히 입증했다.

광전 효과 연구의 의의는 양자이론 발전에만 국한되지 않는다. 이는 기존의 통념에 도전하고 과학적 문제를 창의적으로 접근하는 아인슈타인의 능력을 보여 주는 대표적 사례이기도 하다. 그의 연구는 닐스 보어 등 동시대 학자들의 탐구와도 긴밀하게 연결돼 있다. 보어의 원자 모형은 아인슈타인의 발견을 바탕으로 원자의 에너지 준위를 설명했으며 아인슈타인, 플랑크, 보어 간의 지적 교류는 과학적 발견에서 토론과 협력이 얼마나 중요한지를 잘 보여 준다.

## 마무리

당신의 취미는 무엇인가? 조용한 오후, 아인슈타인은 보트를 타고 잔잔한 수면을 미끄러지며 선체에 부딪치는 물결의 리듬을 느끼며 휴식을 취했다. 바람에 나부끼는 헝클어진 머리칼처럼, 그의 사고는 자유롭게 펼쳐졌고 물리적 현실과 추상적 우주 사이를 오가며 흘러갔다. 이런 고요한 순간, 태양이 수평선 아래로 저물 때 아인슈타인의 가장 심오한 아이디어들이 서서히 모습을 갖추기 시작했다. 그가 사랑했던 바이올린 연주와 마찬가지로, 이러한 순간들은 위안과 명료함을 선사했으며 연구의 복잡함으로부터 해방감을 안겨줬다. 아인슈타인의 천재성은 칠판이나 강의실에만 국한되지 않았다. 그것은 탁 트인 자연 속에서 꽃피웠으며, 일상 그 자체가 그의 영감의 원천이 됐다.

엄청난 성공에도 불구하고 아인슈타인은 겸손함을 잃지 않았다. 그는 친구들과 농담을 나누며 눈을 반짝였고, 자신의 성취를 영예보다는 호기심과 끈기의 결과로 여겼다. 플랑크와 바이올린을 연주하거나 퇴근 후 집까지 걸어갈 때도 아인슈타인은 우주의 신비를 밝혀낸 자신의 업적보다 그 신비

자체에 더 매료된 듯 보였다. 그 순간 아인슈타인과 함께 있었다면 냉철한 과학자가 아니라 꿈꾸는 몽상가의 마음으로 세계를 바라보는 누군가를 만났을 것이다. 그를 겸손하게 만들고 끊임없이 탐구하며 배우게 한 것은 바로 이런 어린아이 같은 호기심이었다.

# 닐스 보어
# 양자물리학의 친절한 거장

닐스 보어Niels Bohr는 단순한 양자역학의 선구자가 아니었다. 그는 물리학자이자 철학자, 뛰어난 멘토이자 인류에 대해 깊은 연민을 지닌 사람이었다. 윤리학과 음악에 대한 사랑 그리고 현실의 본질에 대한 끝없는 호기심은 물리학이라는 분야와 학문과 그를 거쳐 간 사람들의 삶을 변화시켰다. 보어에게 과학적 탐구는 연구실에 머무르지 않았다. 그의 탐구는 인간이 무엇인지 정의하는 윤리와 철학적 측면으로 자연스레 이어졌다.

1885년 덴마크 코펜하겐에서 태어난 보어는 지적 호기심과 시민적 책임감이 결합된 환경에서 성장했다. 아버지 크리스티안 보어Christian Bohr는 생리학 교수였으며, 어머니 엘렌 아들러 보어Ellen Adler Bohr는 부유하고 영향력 있는 유대인 집안 출신이었다. 보어는 정치, 윤리, 자연 세계에 대한 토론으로 가득한 집에서 성장했고, 우주와 그 안에서 인간의 역할 모두에 대해 이해하는 인생 여정을 위한 토대를 다졌다.

보어는 대단히 겸손하고 친절한 사람이었다. 코펜하겐에 있는 그의 집은 세계 각국의 과학자들이 모여 열띤 토론을 나누는 장소가 됐으며, 치열한 논의를 마친 뒤에는 차 한 잔을 함께하며 웃음을 나누는 편안한 공간이었다. 보어는 항상 우아한 주최자로서, 자신의 명성에는 개의치 않고 누구도 홀대받는 느낌이 들지 않도록 세심하게 배려했다. 한번은 "진정으로 깊은 어려움은 모두 그 자체에 해답이 있다. 이 사실은 우리에게 해답을 찾기 위한 사고방식을 바꾸게 한다"고 말했다. 이 발언은 보어가 인생과 과학의 모든 문제에 접근한 방법, 즉 인내와 열린 마음, 그리고 윤리적 소명에 대한 깊은 의식을 보여 준다.

## 양자이론의 선구자

보어의 지적인 유산은 원자 구조와 양자 이론에 대한 그의 혁신적 연구와 분리할 수 없는 관계에 있다. 연구 경력 초창기, 보어는 에른스트 러더퍼드 Ernest Rutherford의 원자핵 발견을 토대로 1913년 자신만의 원자 모형을 발전시켰다. 이 모형에서 보어는 전자가 원자핵 주변의 특정한 궤도를 돌아다니며 그 에너지 준위는 양자화됐다고 제안했다. 이 아이디어, 즉 전자가 광자를 흡수하거나 방출하면서 에너지 준위 사이를 건너뛴다는 생각은 우리가 원자를 이해하는 방식에서 획기적인 전환점이 됐으며, 양자역학의 토대를 마련했다. 1905년 광전 효과에 대한 아인슈타인의 연구는 빛이 파동적 성질과 입자적 성질을 동시에 가질 수 있음을 보여 줬다. 하지만 보어는 이 개념을 확장해, 빛뿐만 아니라 전자를 포함한 모든 입자로까지 일반화했다. 이것이 바로 상보성 원리 Complementarity principle로, 보어가 1920년 후반에 양자역학의 코펜하겐 해석의 일부분으로 제시했다. 이 원리에 따르면 전자와 같은 입자는 파동적 거동과 입자적 거동을 모두 보여 줄 수 있으나 두 성질을 동시에 나타낼 수는 없다. 관찰자가 이를 어떤 방식으로 측정하느냐에 따라 그 양상이 결정된다. 이는 파동성과 입자성이 동일한 현실의 상보적 측면이지만, 서로 모순은 아님을 뜻한다.

명확히 정리하면 다음과 같다.

- 아인슈타인은 빛(전자기파)이 입자(광자)와 파동 둘 다로 행동할 수 있다는 아이디어를 도입했다. 이는 양자이론의 중요한 돌파구가 됐으며,

이 아이디어로 1921년 노벨상을 받았다.

- 보어는 이 개념을 자신의 상보성 원리로 일반화해 빛뿐만 아니라 (전자와 같은) 모든 입자에 적용했다. 양자역학에 대한 보어의 해석에서는 입자의 행동이 관찰 방식에 따라 입자인지 파동인지로 달라지는데, 이 둘은 상보적이지만 서로 배척하는 관계는 아니라고 강조한다.

상보성 원리는 서로 다른 성질들이 결합해 유용한 성질을 정의할 수 있어서 양자역학의 주춧돌 가운데 하나가 됐다. 이 원리는 보어의 철학적 이론 틀이 됐고, 그가 삶에 접근하는 방법에 깊은 영향을 줬다. 보어는 입자적 거동이든 파동적 거동이든 아니면 인간 사회의 평화와 대립이든, 양 극단이 조화 속에 공존할 수 있다고 믿었다. 여러 관점을 한 번에 살펴보는 능력은 보어를 혁신적인 과학자이자 세상의 중요한 질문에 대해 깊이 사색하는 사람으로 만들었다.

## 멘토이자 친구: 교육자로서 보어의 유산

보어의 경력에서 중요한 측면 가운데 하나는 멘토로서의 역할이었다. 보어는 단지 과학 지식을 전달하는 데 그치지 않고, 진정한 과학자가 되는 법을 가르쳤다. 보어의 집은 물리학에 우수한 젊은이들이 모이는 구심점이었고, 그 학생 중 다수가 훗날 전설적인 인물이 됐다. 베르너 하이젠베르크, 볼프강 파울리, 엔리코 페르미 같은 사람들은 보어에게서 지적인 영민함뿐만 아니라 그의 친절함과 겸손함도 함께 배웠다.

보어는 자신의 코펜하겐 이론물리학 연구소Copenhagen Institute for Theoretical Physics에서도 열린 문 정책을 시행했다. 이곳에서 그는 방문 과학자와 학생들과 함께 가장 복잡한 아이디어를 토론하기 위해 오랜 시간을 보냈다. 그의 대화 방식은 부드러웠고 항상 상대방이 더 깊이 생각하도록 이끌었다.

노벨상 수상자이자 양자역학의 핵심 인물 중 하나인 폴 디랙Paul Dirac은 "보어의 연구소에 들어가는 것은 마치 미래의 대학에 가는 것 같다"고 회상했다. 보어는 학생들을 얕보지 않고 동등하게 대했으며 누구든지 엄청난 아이디어를 제시할 수 있다고 믿었다.

보어의 멘토링은 지극히 개인적이었다. 그는 수많은 동료와 평생 이어지는 우정을 쌓았으며, 그중에서도 베르너 하이젠베르크와의 관계는 특별했다. 하이젠베르크는 보어를 아버지와 같은 존재로 여겼으며, 두 사람의 유대는 물리학을 넘어 이어졌다. 두 사람은 양자이론의 가장 도전적인 몇 가지 질문도 함께 탐구했다. 하지만 두 사람의 관계가 항상 매끄러웠던 것은 아니다. 특히 제2차 세계대전 동안 그들의 대립되는 정치적 입장은 두 사람의 강한 우정을 시험에 들게 했다. 비록 갈등이 개인적인 차원으로 번졌지만 인간으로서 하이젠베르크에 대한 보어의 연민과 깊은 관심은 결코 약해진 적이 없었다.

제2차 세계대전 동안 하이젠베르크와의 불편한 상황에서도 보어는 대화의 힘에 관한 믿음을 결코 포기하지 않았다. 두 사람의 차이는 그들의 우정을 시험했지만, 보어의 열린 소통에 대한 신념은 흔들리지 않는 원칙으로 남았다. 보어가 '나는 하이젠베르크를 아들처럼 생각했다'고 말하는 일화는 어려운 시기에도 그가 멘토링했던 제자들과 느꼈던 깊은 유대감을 보여준다.

그는 '교육자의 역할은 답을 제시하는 것이 아니라 학생들이 더 나은 질문을 할 수 있도록 돕는 것'이라고 말하곤 했다. 아무리 간단하든 복잡하든 상관없이 아이디어의 교환이 과학적 발전의 진정한 토대라고 믿었다. 특히 '모든 위대한 발견은 대화에서 시작된다'고 강조했는데, 이 말은 곧 멘토링에 대한 보어의 접근법을 정의하고 양자역학의 미래를 빚어내는 정서다.

보어의 관점에서 과학은 혼자 하는 여행이 아니라 모두의 열망이었고, 이를 위해서는 협력과 상호 존중이 지능만큼이나 중요했다.

## 전쟁, 윤리, 과학적 책임

제2차 세계대전 동안 보어는 사회에서 과학의 역할에 대해 자신의 믿음을 심각하게 시험하는 윤리적 딜레마에 직면했다. 독일 나치 정권이 유럽 전역을 지배하면서 자신이 중대한 갈림길에 서 있음을 깨달은 것이다. 유대인 혈통을 지닌 보어는 박해의 대상이 됐고, 덴마크마저 나치 지배하에 놓이자, 그는 스웨덴으로 피신한 뒤 결국 미국의 맨해튼 프로젝트에 합류하게 됐다. 이 결정에는 심각한 내적 갈등이 따랐다. 원자폭탄은 과학적 성취의 정점에 서 있었지만, 동시에 인류를 위협하는 존재이기도 했기 때문이다.

보어가 원자 이론에 대한 깊은 지식을 공유하며 맨해튼 프로젝트에 기여했지만, 핵에너지의 군사적 사용이 결코 마음 편치만은 않았다. 그는 과학이 국가를 분열시키는 것이 아니라 통합해야 한다고 믿었다. 맨해튼 계획이 진행될 때조차도 소련을 포함한 여러 나라와의 열린 대화를 지지했고, 파국적인 무기 경쟁을 피하는 유일한 방법은 투명성과 협력이라고 믿었다. 보어가 로버트 오펜하이머Robert Oppenheimer 및 다른 저명한 과학자와 그들의 연구가 지닌 도덕적 함의에 대해 나눈 대화는 많은 이의 마음에 의심의 씨앗을 심었다. 보어는 핵무기의 위험성을 예상했고, 전쟁 후 자신의 삶 대부분을 핵무기의 해체와 원자력 에너지의 평화적인 사용을 지지하는 데 사용했다. 헝가리 출신의 핵물리학자 레오 실라르드Leo Szilard처럼 처음에는 맨해튼 프로젝트를 지지했지만 이후 핵무기 사용을 반대한 과학자들도 보어의 영향력 아래 있었다.

보어의 윤리적 입장은 단순히 파괴를 피하는 것이 아니라 과학이 선을 위한 힘으로 남아 있을 것을 확실히 하는 것이었다. 수많은 그의 동료와는 다르게 그는 이런 우려를 직접적으로 언급하며, 윈스턴 처칠Winston Churchill, 프랭클린 루즈벨트Franklin D. Roosevelt 등 세계 지도자들을 만나 핵무기 연구의 장기적 결과를 예상해 보라고 촉구했고, 전쟁보다는 평화를 위해 원자폭탄에서 얻은 지식을 사용하도록 촉구했다. 많은 반발 속에서도 보어는 국가의 경계를 넘어버린 핵에너지의 장기적인 함의를 이해하려는 국제적 과학 협력을 위해 자신의 책무를 결코 포기하지 않았다.

### 연구실 너머의 삶: 음악, 스키, 가족

많은 사람이 닐스 보어에 대해 잘 모르는 점은 연구실의 경계를 넘어 그의 삶이 얼마나 풍요로웠는지다. 보어는 물리학자일 뿐만 아니라 열렬한 스키 애호가이자 음악 애호가였다. 보어는 연구의 압박 속에서도 삶의 균형을 유지해야 한다는 사실을 잘 이해했다. 스키를 타며 자연 속에서 보내는 시간은 그에게 마음을 정리하고 평온을 되찾는 중요한 순간이었다. 이런 고요한 성찰의 시간은 물리학의 가장 어려운 문제들을 해결하는 데 필요한 정신적 명료성을 제공했다.

음악에 대한 보어의 사랑 역시 그의 사상에 영향을 끼쳤다. 이따금 보어는 잘 구성된 과학 이론을 아름다운 교향곡에 비유했다. 음악과 과학 모두 균형과 조화 그리고 복잡성의 아름다움을 보여 주기 때문이다. 바이올린에서 영감을 얻었던 아인슈타인처럼, 보어도 음악이 자신의 창의적 사고력을 자극하는 것을 알았다. 보어는 과학과 예술이 서로 연결돼 있고, 각각은 현실의 본질에 대해 다르지만 똑같이 심오한 영감을 준다고 믿었다.

보어는 가족을 무엇보다 소중히 여겼다. 그의 아내인 마그리트Margrethe는 보어의 평생 동반자이자 친구로, 보어의 논문을 읽고 그의 아이디어를 함께 토론하며 보어의 연구에 도움을 줬다. 보어 가정은 토론과 따뜻한 가족애로 가득 차 있었고, 여섯 명의 아이는 호기심과 연민을 중시하는 환경에서 성장했다. 보어는 자신이 마주친 모든 도전에 필요한 정서적 힘의 원천으로 아내와 가족을 꼽곤 했다.

## 과학에서 인류의 유산

지식의 탐구는 그 지식의 사용에 따른 책임과 분리될 수 없다. 보어의 양자역학 연구는 현대 물리학의 모습을 바꿔 놨지만, 그를 더욱 특별하게 만든 것은 인류에 대한 깊은 관심과 도덕적 성찰이었다. 협력, 겸손, 투명성에 대한 보어의 신념은 윤리적 도전에 직면한 오늘날의 많은 과학자에게 여전히 울림을 준다.

말년에 보어는 핵 기술의 평화적 활용을 목표로 한 '평화를 위한 원자력 Atoms for Peace' 운동의 핵심 지지자가 됐다. 국제회의 연설에서 보어는 과학적 발전이 전 세계적인 협력과 반드시 결합돼야 함을 강조했고, 그 메시지는 오늘날에도 중요하게 남아 있다. 보어의 노력은 연구실에 국한되지 않았으며, 과학이 외교와 평화의 도구가 될 수 있음을 내다본 선구자였다.

보어의 삶은 과학자가 되는 것이 단지 우주의 비밀을 밝혀내는 일뿐만 아니라 주변 사람들을 보살피고 세계의 발전을 위해 지식을 사용하는 일임을 보여 준다. 보어의 멋진 정신은 그의 지적 용기와 합쳐져 과학과 인류애라는 두 방면 모두에서 거장의 모습으로 완성됐다. 젊은 독자들에게 보어의 여정은 그 자신의 열정을 추구하고 어려운 질문을 던지되, 어떤 발견이든 세계에 미치는 영향이 결코 작지 않음을 기억하라는 격려의 메시지다.

# 베르너 하이젠베르크
# 물리학계의 철학자

베르너 하이젠베르크Werner Heisenberg는 다면적 인물이었다. 그는 재능 있는 음악가이자 철학자였고, 멘토였으며, 양자역학의 지형을 바꿔 버린 혁신가였다. 하이젠베르크는 불확정성 원리로 유명하며, 그의 삶은 그가 과학에 기여한 것 이상으로 훨씬 다채롭다. 음악에 대한 사랑, 교육자의 역할 그리고 전쟁 후의 독일을 재건하며 보여 준 회복탄력성은 그의 유산으로 남아 물리학계를 영원히 바꿨다.

1901년 독일 뷔르츠부르크Würzburg에서 태어난 하이젠베르크는 학구적인 집안에서 성장했다. 그의 아버지 아우구스트 하이젠베르크August Heisenberg는 고전 언어학 교수였고, 그의 어머니인 애니 벡클레인Annie Wecklein은 교육으로 유서 깊은 가문 출신이었다. 하이젠베르크의 어린 시절은 지적인 환경과 두 번의 세계대전에 따른 혼란이 뒤섞여 그의 행보를 결정지었다. 그는 어릴 때부터 과학의 정밀함과 그로부터 비롯되는 여러 철학적 질문에 깊이 매료됐다.

## 영감의 원천

하이젠베르크의 음악에 대한 사랑은 그의 인생 전체에 걸쳐 지속됐으며, 과학적 탐구에도 도움을 줬다. 하이젠베르크는 재능 있는 피아니스트였고, 동시대의 아인슈타인처럼 음악이 주는 정신적 영감을 깊이 이해하고 있었다. 하이젠베르크에게 음악은 단순히 취미가 아니라 하나의 사고방식이었다. 한번은 "나의 과학적 아이디어는 항상 음악과 그것을 구성하는 리듬의 영향을 받았다"고 고백한 바 있다.

하이젠베르크는 종종 피아노 앞에 앉아 바흐와 베토벤의 곡을 연주하곤 했으며, 음악의 구조와 조화를 자신의 양자역학 연구를 설명하는 은유로 사용했다. 음악이 창의력과 동시에 엄격한 구조를 요구하듯, 그의 물리학적 사유 방식도 그러한 균형을 지향했다. 하이젠베르크는 자신의 연구에서 질서를 탐색하기를 좋아했는데, 음악의 원리는 질서와 예측 불가능성 사이의 절묘한 균형을 반영하는 것이라고 생각했다. 음악은 하이젠베르크에게 자연의 복잡성을 포용할 공간을 줬고, 혁신적 발견에 몰입할 수 있는 명확한 순간을 선사했다. 하이젠베르크의 동료들은 음악에 대한 그의 사랑이 연구에도 흘러넘쳤다고 증언했다. 다른 물리학자들과 토론을 벌이는 동안 하이젠베르크는 잘 구성된 과학 이론과 교향곡 사이의 유사성을 발견했다. 그의 관점에서는 둘 다 창의력과 구조의 완벽한 균형이 필요했던 것이다. 가까운 동료였던 볼프강 파울리Wolfgang Pauli는 하이젠베르크가 멜로디를 통해 사고의 흐름을 정리하고, 격렬한 토론을 마친 뒤 피아노 앞에서 다시 평온을 되찾곤 했다고 회고했다. 예술과 논리를 결합하는 이러한 방식은 하이젠베르크가 물리학에 접근하는 독특한 특징이 됐다.

## 불확정성 원리의 탄생

양자역학에 관한 하이젠베르크의 가장 유명한 업적은 의심할 여지없이 불확정성 원리다. 1927년 처음 정식화된 이 원리는 위치와 운동량 같은 특정한 한 쌍의 물리량을 둘 다 동시에 무한히 정확하게 알아낼 수 없다는 내용이다. 이 아이디어는 고전물리의 핵심이었던 결정론적 우주에 대한 개념을 바꿨고, 물리적 세계에 대한 우리의 인식에는 근본적인 한계가 있다는 개념을 도입했다.

하지만 이 혁명적인 아이디어에 이르기까지 하이젠베르크가 지나온 길은 순탄치 않았다. 1920년대 초 물리학계는 중대한 문제에 직면해 있었다. 수세기 동안 지배해 온 고전물리학은 양자역학의 이상한 확률적 본질에 위협받고 있었다. 하이젠베르크는 이십 대 시절에도 이런 움직임의 최전선에 있었다. 그는 양자역학의 초기 형태인 행렬역학 연구를 통해 이미 촉망 받는 신예로 주목받았고, 자연이 근본적으로 불확정성을 내포한다는 통찰을 제시함으로써 물리학 역사에 자신의 이름을 새겼다.

수학적으로 불확정성 원리는 다음과 같이 표현된다.

$$\Delta x \cdot \Delta p \geq \frac{h}{4\pi}$$

이 공식은 다음과 같은 뜻이다.

- $\Delta x$는 입자의 위치에 대한 불확정도로, 우리가 그 위치를 얼마나 정확하게 알고 있는지를 나타낸다.
- $\Delta p$는 입자의 운동량에 대한 불확정도로, 우리가 그 움직임과 빠르기를 얼마나 정확하게 알고 있는지를 나타낸다.
- $\Delta x \cdot \Delta p$라는 곱은 위치와 운동량 사이에 불확정성이 반비례 관계가 있어서 하나를 더 정확히 알면, 다른 하나는 덜 정확히 알게 된다는 뜻이다.
- $h$는 플랑크 상수로, 양자역학의 기본 상수다.
- $\frac{1}{4\pi}$는 불확정성의 척도를 조절하는데, 측정 정확도의 한계를 나타낸다.

하이젠베르크에게 이는 단순한 공식이 아니었다. 이 공식은 현실의 철학적 본질을 이해하는 방법이었다. 이 공식은 우주가 양자적 수준에서는 확실성이 아닌 확률에 의해 지배된다고 제안한다. 예술에서 알지 못하는 것과 예측 불가능함이 창조적 과정의 필수 요소이듯, 물리학에서도 확실성과 불확실성의 조화는 자연의 깊은 설계를 드러내는 중요한 열쇠였다. 예술가가 빛과 어둠을 다루듯 물리학자는 명확함과 불명확함을 동시에 탐구하며 새로운 층위의 진리를 발견한다.

그 혁신적 순간, 하이젠베르크는 불확정성 원리의 의미를 받아들이며 기쁨과 불안을 모두 느꼈다. 물리학자로서 그는 모든 원인이 예측 가능한 결과를 낳는 고전적인 결정론 틀 안에서 오랫동안 연구해 왔다. 자연 그 자체가 우리가 알아낼 수 있는 것에 한계를 설정한다는 사실을 알아낸 후, 그는 과학적 전통에 대한 일종의 배신감을 느꼈다. 하지만 하이젠베르크는 이 불확정성이 과학의 실패가 아니라 우주의 근본적인 진실임을 깨달았다. 그의 동료들에게 쓴 편지에서, 하이젠베르크는 자신의 연구가 수백 년의 과학적 사고방식을 뒤엎었음을 깨달으며 경탄과 겸손이 뒤섞인 감정을 드러냈다.

과학계의 반응은 극명하게 갈렸다. 아인슈타인처럼 "신은 주사위 놀이를 하지 않는다"고 믿었던 학자들은 불확정성 개념을 수용하기를 거부했다. 반면 다른 과학자들은 그 발견이 가져오는 새로운 세계관을 빠르게 인식하고 받아들였다. 보어는 그중에서도 가장 강력한 지지자였다. 그는 하이젠베르크의 통찰을 양자역학에 대한 자신의 생각을 자연스럽게 확장시켜주는 의미 있는 발견으로 여겼다. 하이젠베르크와 보어는 함께 양자 세계를 탐험하는 신세대 물리학자들에게 확실성 대신 호기심과 경이로움으로 길을 제시했다. 마침내 하이젠베르크의 불확정성 원리는 과학적 이정표 그 이상이 됐고, 인류가 우주에 대해 알 수 있는 것이 근본적으로 제한돼 있음을 겸허히 받아들이게 하고, 여전히 남아 있는 신비마저도 품게 만드는 지적 전환점이 됐다.

### 협력과 우정

하이젠베르크는 이런 전환의 시기에 홀로 연구하지 않았다. 그는 물리학의 거장들이 모여 있던 지적 공동체 속에서 활동했다. 볼프강 파울리, 에르빈 슈뢰딩거, 막스 보른과 함께한 그의 우정과 공동 연구는 양자역학 발전에 핵심적인 토대를 제공했다. 특히 증거와 상식에 기반한 날카로운 분석으로 유명했던 파울리는 하이젠베르크의 가장 가까운 협력자 중 한 명이었다. 두 사람은 끊임없이 아이디어를 교환하며 때로는 격렬한 논쟁을 벌이기도 했지만, 이런 토론은 양자역학의 방향을 잡는 데 큰 도움이 됐다.

반면 하이젠베르크와 슈뢰딩거의 관계는 복잡했다. 두 사람은 서로의 업적을 존중했지만, 양자역학에 접근하는 방식은 근본적으로 달랐다. 슈뢰딩거의 파동역학과 하이젠베르크의 행렬역학은 처음에는 양립할 수 없어 보였고, 이로 인해 논쟁은 더욱 뜨거워졌다. 그러나 결국 그 대립은 상호 이해로 이어졌고, 두 이론의 결합은 현대 양자역학의 기초가 됐다. 서로 다른 관점을 가진 동료와도 협력할 수 있었던 하이젠베르크의 태도는 그의 열린 사고와 겸손함을 잘 보여 준다.

하이젠베르크는 쉽게 다가갈 수 있는 따뜻한 성격으로도 유명했다. 이러한 성품 덕분에 그는 젊은 과학자들로부터 유명한 멘토로 명성을 쌓았다. 그는 자신을 학생들보다 우월한 존재로 여기지 않았고, 같은 여정을 함께하는 동료로 인정했다. 하이젠베르크는 수시로 젊은 과학자들을 자신의 집으로 초대해 밤늦게까지 이어지는 토론을 하기도 했다. 이런 모임은 격의 없는 분위기에서 진행됐고 모두에게 어떤 질문이든 자유롭게 말할 수 있도록 독려했다. 열린 대화 분위기를 만들어 내는 그의 능력은 하이젠베르크를 사랑받는 스승이자 멘토로 만들었다.

## 코펜하겐 회의

하이젠베르크의 삶에서 가장 흥미롭고 논쟁적인 순간 중 하나는 1941년 덴마크 코펜하겐에서 닐스 보어와 토론한 일이다. 이 토론은 제2차 세계대전 중 열렸는데, 이때는 하이젠베르크가 독일에서 핵 연구를 진행 중이었고, 보어는 이미 나치의 박해를 피해 스웨덴으로 피신한 때였다. 두 사람이 어떤 이야기를 나눴는지 정확히 전해지지 않지만, 일반적으로는 핵무기와 윤리적 책임에 관한 논의였을 가능성이 높다고 여겨진다.

이 만남은 겉보기에는 잘 이뤄지지 않았다. 소문에 따르면 보어는 코펜하겐 회의에서 매우 불편함을 느꼈고, 오랫동안 아버지와 아들처럼 지내 온 두 사람의 관계는 공식적으로는 회복될 수 없을 만큼 깊은 상처를 남긴 것처럼 보였다. 어떤 역사학자들은 하이젠베르크가 아마 핵무기 개발을 방해하는 방법에 대한 보어의 지시를 따랐을 것이라고 믿지만, 다른 학자들은 하이젠베르크가 독일의 핵무기 개발 계획을 보호하는 데 더 집중했을 것이라고 주장하기도 한다. 어느 쪽이 사실이든, 이 만남은 전쟁이라는 극한의 상황에서 과학자들이 겪어야 했던 윤리적 딜레마를 생생히 보여 준다.

이 대화는 자신의 연구가 초래할 수 있는 결과와 직면해야 했던 순간으로, 하이젠베르크의 도덕적 관점에 전환점이 됐다고 여겨진다. 구체적인 내용은 여전히 불분명하게 남아 있지만, 그렇게 마주해야만 했던 감정적이고도 철학적인 무게는 피할 수 없었다. 이는 과학적 진보와 윤리적 책임 사이에서 균형을 잡는 일이 얼마나 어려운지를 일깨워 주며, 하이젠베르크가 남긴 유산의 복잡하고 다층적인 면모를 더욱 선명하게 한다.

## 전쟁 이후, 하이젠베르크의 삶

제2차 세계대전 이후, 하이젠베르크의 삶은 달라졌다. 그는 잠시 동안 영국에 억류돼 있었지만, 결국 풀려나 독일로 돌아가 학계를 재건하는 데 중심 인물이 됐다. 하이젠베르크는 막스 플랑크 물리학 연구소Max Planck Institute for Physics를 설립하는 데 핵심적 역할을 했으며, 핵에너지의 평화적 사용을 위해 지속적으로 연구했다. 그는 과학이 인류를 파괴하는 것이 아니라 인류를 위해 봉사해야 한다고 여겼고, 핵 군축과 국제 협력의 지지자가 됐다. 이 기간 동안 하이젠베르크는 교육계로 돌아가 새 세대의 물리학자들에게 영감을 주기도 했다. 전후 독일 과학계를 재건하려는 그의 노력에는 그의 초기 연구에서와 마찬가지로 겸손함과 지적 호기심이 배어 있었다. 그는 단지 연구소를 재건했을 뿐만 아니라 과학계의 신뢰를 복원하는 데 도움을 줬다.

## 철학과 유산

하이젠베르크는 평생 철학에 깊은 관심을 기울였다. 특히 불확정성 원리를 통해 인간 지식과 철학적 사고의 관계를 새롭게 조명했다. 하이젠베르크에게 이 원리는 단순한 과학적 개념이 아니라, 우리가 현실을 이해하는 방법론에 대한 심오한 철학적인 통찰이었다. 그는 과학이 결코 완전한 답을 제시하지 않으며, 오히려 더 깊은 질문들을 제기할 뿐이라고 믿었다.

말년에 하이젠베르크는 물리학과 실재, 지식, 윤리 사이의 의미 있는 연관성을 이끌어 내며 양자역학의 철학적 중요성에 대해 폭넓게 저술했다. 이 주제에 대한 하이젠베르크의 저작들은 물리학자뿐만 아니라 철학자와 역사학자들에 의해 오늘날에도 계속 연구되고 있다. 하이젠베르크가 남긴 유산의 핵심은 지적 호기심, 겸손함 그리고 회복탄력성이다. 그는 현대사에서 가장 격동적인 시대를 살았지만, 그의 과학에 대한 열정과 인간 지식에 대한 믿음은 결코 약해지지 않았다.

## 마무리

하이젠베르크의 삶은 음악, 철학, 과학이 조화롭게 어우러져 있었다. 양자역학에 대한 그의 기여는 물리학의 방향을 바꿨지만, 진정 유명하게 만든 것은 개인적 성찰과 지적인 도전 사이에서 균형을 잡는 그의 능력이었다. 하이젠베르크는 방정식과 실험에만 매몰된 과학자가 아니라, 깊이 자아 성찰을 하는 인간이었다.

하이젠베르크는 여러모로 세계를 조화의 관점에서 바라봤는데, 그에게 과학은 음악처럼 리듬과 균형 그리고 불확정성에 대한 감각이 필요한 것이었다. 삶과 과학에 대한 이런 접근법은 그에게 무지를 두려워하기보다는 받아들이도록 했고, 우리가 당연하게 여기는 지식의 한계를 다시 생각하게 하는 용기를 줬다.

# 에르빈 슈뢰딩거
# 방정식과 실존주의

에르빈 슈뢰딩거Erwin Schrödinger는 양자역학에 대한 혁신적 기여와 '슈뢰딩거의 고양이'라는 유명한 사고 실험Thought Experiment으로 가장 잘 알려져 있다. 그러나 수학 공식 뒤의 그는 단순한 물리학자가 아니라 자연과 철학을 진정 사랑하는 깊이 있는 지성인이었다. 슈뢰딩거의 과학적 성과는 물리학의 모습뿐만 아니라 아인슈타인과 같은 동료와의 협력을 통해 자신만의 독특한 세계관도 바꿨다. 수많은 분야를 넘나드는 열정적인 호기심은 그를 과학사에서 열정적인 인물로 만들었다.

1887년 오스트리아 비엔나Vienna에서 태어난 슈뢰딩거는 정통 교육을 받은 부모 밑에서 성장했다. 그의 아버지는 식물학자였고, 어머니는 학문적 전통이 깊은 가문 출신이었다. 어린 시절 슈뢰딩거는 자연스럽게 그를 둘러싼 세계에 대한 호기심이 많았고, 자연의 아름다운 세세한 부분을 관찰하는 데 시간을 쏟았다. 그는 과학적 기초와 철학적 질문 사이에서 균형 잡힌 교육을 받았고, 이는 그의 인생 연구를 정의했다. 훗날 그는 어린 시절 자연계에 대한 노출과 추상적 논의가 과학을 단순한 발견의 도구가 아닌, 존재의 본질을 탐구하는 방법으로 바라보는 데 어떻게 도움이 됐는지 회고하기도 했다.

## 슈뢰딩거의 걸작

양자역학에 대한 슈뢰딩거의 가장 중요한 기여는 1926년에 제시한 파동 방정식이다. 이 방정식은 과학자들이 원자 수준에서 입자의 행동을 이해하는 방식을 현대화해 혁명적인 변화를 가져왔다. 슈뢰딩거 이전에 보어나 하이젠베르크와 같은 물리학자들이 양자 이론의 토대를 놓았지만, 그 이론에 수학적인 뼈대를 세운 것은 슈뢰딩거의 파동 방정식이었다.

그의 방정식은 양자 상태가 시간에 따라 어떻게 변하는지 설명한다. 고전 물리학에서는 입자의 운동을 정확하게 예측할 수 있다고 믿었지만, 이 방정식은 확률적 모형을 도입함으로써 기존의 관념에 도전했다. 이 새로운 모형에서 전자와 같은 입자는 여러 상태에 동시에 존재할 수 있으며, 위치나 운동량은 특정한 값으로 확정되지 않고 확률 파동으로 기술된다. 이러한 개념은 결정론적 우주라는 오래된 전통에 도전했다.

하지만 슈뢰딩거 방정식은 단지 입자를 이해하는 도구일 뿐만 아니라 그의 철학에 대한 더 넓은 관점도 반영했다. 슈뢰딩거는 우주가 엄격한 인과관계뿐만 아니라 유체와 서로 연관된 힘에 의해 지배된다고 믿었다. 슈뢰딩거에게 파동함수는 단순한 수학적 추상이 아니라, 실재의 근본적 신비를 드러내는 구조였다. 말년에 그는 과학, 철학, 자연이 우리 이해를 초월한 방식으로 서로 긴밀히 연결돼 있다고 자주 언급했다.

## 끈질기게 버틴 사고 실험

1935년, 슈뢰딩거는 과학사에서 가장 유명한 사고 실험 중 하나인 '슈뢰딩거의 고양이'를 소개했다. 이 실험은 양자역학의 모순을 드러내고자 설계됐다. 실험에서 고양이는 방사성 원자, 가이거 계수기Geiger counter[1], 그리고 독이 든 유리병과 함께 상자에 갇혀 있다. 양자역학에 따르면, 상자를 열기 전에 고양이는 생존과 사망이라는 중첩 상태에 동시에 존재한다. 그리고 관찰자가 상자를 열어 들여다보는 순간에야 비로소 고양이의 상태가 확정된다.

이 사고 실험이 너무 이상하다고 생각했던 슈뢰딩거는 양자역학의 이상한 함의에 의문을 제기했는데, 이 중에는 특히 보어와 하이젠베르크 같은 동료들이 제안한 코펜하겐 해석Copenhagen Interpretation이 있었다. 슈뢰딩거는 이를 비판하기 위해 양자 세계의 이상함을 극단적으로 드러내는 이 '기묘하고 우스꽝스러운' 상황을 고안했다. "한 고양이가 동시에 살았으면서 죽어 있다?"라는 질문은 비록 농담처럼 들리지만, 양자 이론의 지배적 해석에 대한 본격적인 도전이었다.

동료들은 갖가지 반응을 보였다. 보어와 하이젠베르크는 코펜하겐 해석의 핵심 선구자들로, 이 사고 실험이 결정적인 비판이라고 보진 않았지만 영리하다고 생각했다. 그들에게 이는 진지한 위협이라기보다 흥미로운 철학적 연습에 가까웠다. 어떤 학자들은 이 실험이 혼란을 가중시킨다고 봤고, 일부는 터무니없는 문제라고 여겼다. 양자역학에 많은 의구심을 갖기도 했던 아인슈타인은 슈뢰딩거의 설명에 공감했다. 이들이 주고받은 편지에서 아인슈타인은 양자역학이 내포하는 무작위성에 대해 불쾌감을 보이며 그 유명한 "신은 (우주를 놓고) 주사위 놀이를 하지 않는다"는 선언을 적었다. 기회와 관찰이 현실을 만들어 낼 수 있는 세계를 이해하기 어려워했던 슈뢰딩거의 이 실험은 어떤 점에서는 아인슈타인의 생각과 어울렸다.

---

1 가이거 계수기는 방사선을 검출하는 장치로, 방사선이 검출될 때마다 딸깍 소리를 낸다. – 옮긴이

이런 엇갈린 반응에도 불구하고, 슈뢰딩거의 고양이는 양자역학의 신비를 설명하는 가장 기억에 남는 방식 중 하나로 남았다. 슈뢰딩거 자신 또한 어쩌면 그 사고 실험이 오래 지속되는 것을 즐겼을 수도 있다. 슈뢰딩거는 훗날 자신의 평생 연구가 훨씬 다양한 성과를 냈음에도, 대중이 자신을 한 마리의 상상 속 고양이로 기억하는 것이 조금 이상하다고 말했다. 애초에는 재치 있는 비판으로 의도했으나, 이 고양이는 스스로 생명을 얻어 양자 물리학의 기묘하고도 매혹적인 세계를 상징하는 존재가 됐다.

## 자연과 등산에 대한 열정

연구실 밖에서의 슈뢰딩거는 자연과 야생에 대한 깊은 애정을 품고 있었다. 열성적인 등산가였던 그는 산에서 위안을 찾았으며, 자연 속에서 보내는 시간이 자신의 과학 연구를 보충하는 데 정신적 명료성을 제공한다고 믿었다. 그에게 자연계의 구조와 조화는 자신의 방정식에도 같은 균형을 갖는 것으로 비춰졌다.

슈뢰딩거가 오스트리아 방면의 알프스산맥을 등반하는 것은 체력 단련을 넘어 지적 재충전의 시간이었다. 그는 산길을 오르며 우주의 신비를 사색했고, 걸음이 이어지는 만큼이나 자유롭게 생각을 펼쳤다. 동료들에게 쓴 편지에서 슈뢰딩거는 자연의 아름다움이 그의 연구 특히, 양자역학에 대한 탐구에 어떻게 영감을 주는지 자주 언급했다. 때때로 등반 도중 멈춰 서서 숲을 걸으며 떠올랐던 방정식이나 아이디어를 적기도 했다.

슈뢰딩거에게 자연과 과학의 연관성은 분리할 수 없었다. 그에게 있어 자연을 연구하는 일은 곧 실존의 근본 진리를 탐색하는 과정이었다. 그의 관점에서 자연은 단순히 과학적 질문이 펼쳐지는 배경이 아니라, 우주의 거대한 방정식 속에서 살아 있는 하나의 요소였다.

## 물리학에서 생물학으로

슈뢰딩거는 왕성한 지적 호기심을 가졌고, 그의 관심은 양자역학의 경계를 넘어섰다. 1940년대에 들어서며 생물학과 생명 그 자체에 대한 질문에 점점 많은 관심을 가졌던 그는 1944년 출간된 『생명이란 무엇인가What is life?』(한울, 2011)에서 양자역학의 원리로 생명의 근본 과정을 설명하는 방식을 탐구하며, 물리학과 생물학 사이에 다리를 놓으려는 가교 역할을 하고자 했다.

매우 추천하고 싶은 책인 『생명이란 무엇인가』에서 슈뢰딩거는 유전 정보가 분자 구조 속에 암호화될 수 있다는 획기적인 가설을 제안했다. 이 아이디어는 이후 DNA의 발견에 결정적 힌트를 제공했다. 비록 슈뢰딩거 자신이 DNA 구조를 밝혀내지는 못했지만, 그의 통찰은 프란시스 크릭Francis Crick과 제임스 왓슨James Watson 같은 과학자들에게 큰 영감을 줬고, 두 사람은 이중 나선 구조를 발견한 뒤 슈뢰딩거의 저작이 중요한 출발점이 됐다고 인정했다.

슈뢰딩거가 생물학으로 관심을 돌린 것은 미지의 영역을 탐구하려는 그의 내재적인 호기심과 자발성을 보여 준다. 그는 과학의 한 분야에서 이룬 발견이 다른 분야의 문제들을 조명할 수 있다는 점에서 학문 간 융합이 가능하다고 믿었다. 학문적 경계를 쉽게 넘나드는 슈뢰딩거의 능력은 그를 당대 최고의 박학다식한 학자 중 하나로 자리매김하게 만들었다.

## 동양철학과 의식

말년에 슈뢰딩거는 동양 철학, 특히 잠재된 통일 의식이라는 개념을 담고 있는 힌두교의 브라만 사상에 깊이 빠졌다. 그는 양자역학에서 나오는 질문들이 과학적일 뿐만 아니라 철학적이라고 믿었으며, 이것이 실재의 본질과 인간 의식의 한계에 대한 핵심적 통찰을 제공한다고 봤다.

슈뢰딩거는 과학과 영성을 결합하지 않으려고 신중했지만, 양자역학과 동양 사상에서 나오는 상호 연관성이라는 철학적 아이디어 사이에 유사함이 있다고 봤다. 그는 종종 과학과 철학이 우주의 더 전체론적인 이해를 주는 데 어떻게 함께 작동하는지 언급했다. 슈뢰딩거에게 의식과 실존의 본질은 원자의 신비만큼이나 탐구할 만한 가치가 있는 것이었다.

## 협력, 경쟁, 존중

슈뢰딩거는 양자역학 발전의 핵심 인물이었으며, 동료 물리학자와의 관계는 그의 생각에 따라 역동적으로 변했다. 양자역학 논쟁에서 그의 대표적인 학술적 맞수는 하이젠베르크와 보어였지만, 이들 사이를 단순한 적대 관계로만 규정할 수는 없다. 슈뢰딩거는 철학적 성향이 강했고, 이는 종종 하이젠베르크의 수학 중심 접근과 충돌했다. 그럼에도 두 사람은 서로의 지적 성취를 깊이 존중했다. 일화로 학회에서 슈뢰딩거는 "당신의 행렬역학에는 동의하지 않지만, 무시할 수 없을 만큼 정교한 푸가를 듣는 느낌이 든다"고 농담하곤 했다. 여기서 '푸가'는 복잡하고 치밀한 구성미를 지닌 음악 형식을 뜻하며, 상대 이론의 정교함을 인정한 표현이었다.

슈뢰딩거는 플랑크, 파울리와도 협력적이고 생산적인 관계를 유지했다. 그는 이들과의 대화를 통해 파동역학에 대한 통찰을 심화시키는 한편, 존재와 실재에 대한 철학적 질문과도 씨름했다. 서로 간 학문적 견해 차이는 분명했지만, 그들은 '진리를 탐구한다'는 더 큰 목적 아래 서로를 존중하며 공통의 학문적 연대감을 유지했다. 슈뢰딩거의 호기심 많고 따뜻한 성격은 논쟁이 아무리 치열해도 하루를 마칠 때는 동료들과 와인 한 잔을 나눌 수 있게 만들었고, 이런 성격은 많은 사람에게 사랑받았다.

슈뢰딩거는 현대 물리학의 가장 영향력 있는 인물 중 하나인 아인슈타인과 특별한 유대를 형성했다. 두 사람은 서로에게 엄청난 상호 존경을 표했고, 양자역학의 철학적 실체에 대해 아이디어를 자주 교환했다. 다만, 아인슈타인은 결정론적 세계관을 고수한 반면, 슈뢰딩거는 양자 불확정성을 수용했다는 점에서 두 사람의 접근 방식은 달랐다. 그러나 이러한 차이가 오히려 20세기 과학에서 가장 열정적인 논쟁을 불러일으켰고, 과학적 사고를 확장시키는 계기가 됐다.

슈뢰딩거는 당대의 과학적 규범에 과감히 도전하는 아인슈타인의 용기와 자발성을 높이 평가했다. 두 사람은 일상적으로 소통하며 과학, 철학, 실재의 본질에 대해 자주 논의했다. 과학 방정식 속에 숨겨진 더 깊은 진리를 찾고자 하는 열망이 이들의 우정을 규정짓는 공통의 기반이었다. 두 사람은 모두 과학이 때때로 이상한 통찰이긴 하더라도 실존의 신비에 통찰을 준다고 믿었다.

하이젠베르크와 보어가 지적으로 대립하는 동안 아인슈타인은 우주의 더 깊은 진리를 탐색하는 데 있어 슈뢰딩거와 철학적 신념을 공유하는 동맹이었다. 두 사람은 특히 보어가 제창한 코펜하겐 해석을 비평하며 그들이 같은 편에 서 있음을 알았다. 슈뢰딩거의 고양이에 대한 사고 실험은 양자역학의 확률적 특성을 싫어했던 것으로 유명한 아인슈타인과의 토론에서 영감을 얻은 것이었다. 이들은 끝내 코펜하겐 학파와의 견해 차이를 완전히 해소할 수는 없었지만, 슈뢰딩거와 아인슈타인의 우정은 과학적 사고방식의 지평을 넓히는 강력한 연대였다.

## 마무리

슈뢰딩거의 삶은 과학, 철학, 그리고 자연 세계에 대한 경이로움이 어우러진 융합이었다. 그의 다양한 재능은 그를 현대 과학의 가장 영향력 있는 인물 중 한 사람으로 만들었으며, 그의 유산은 단순히 그의 이름이 붙은 방정식에 국한되지 않으며 지식을 추구하는 그의 혁신적인 접근법으로도 깊이 남아 있다. 과학이란 때때로 올바른 질문을 제기하고 미지의 영역을 포용하는 과정이다. 그의 삶은 오늘날의 젊은 과학자들에게 가설 위에 질문을 던지고, 자신의 전문 분야를 넘어서 결합하며, 한 분야에서 나온 원리를 다른 분야의 복잡한 문제를 푸는 데 적용하는 방법의 고무적인 예시다.

# 폴 디랙
# 조용한 혁신가

폴 디랙Paul Dirac은 20세기의 가장 뛰어난 이론물리학자 중 하나로, 양자역학에 대한 혁신적 기여와 반물질antimatter의 예측을 한 과학자로 잘 알려져 있다. 그의 연구는 현대 물리학의 판도를 근본적으로 바꿔 놨으며, 그 기념비적인 업적 뒤에는 독특한 성격을 가진 인간 디랙이 있었다. 무척 내향적이었던 디랙은 조용한 품성 속에 수그러들지 않는 수학, 과학, 항공에 대한 열정을 간직하고 있었다. 그의 삶과 연구는 천재 과학자의 사고방식을 엿볼 수 있게 해 줄 뿐만 아니라, 아인슈타인, 하이젠베르크, 파인만과 같은 동료들과 강한 학술적 유대를 맺으면서도 인간관계에서는 자주 어려움을 겪었던 그의 숨겨진 모습을 드러낸다.

## 초년 시절의 성장 과정

1902년 영국 브리스틀에서 태어난 디랙은 교육자 가문 출신이었다. 그의 아버지 찰스 디랙Charles Dirac은 엄격한 스위스 출신 교사였고, 어머니 플로렌스 디랙Florence Dirac은 영국인이었다. 디랙은 아버지의 엄격한 교육 방법에 크게 영향을 받았는데, 집에서는 오직 프랑스어로만 대화해야 하는 엄격한 규율이 대표적인 예였다. 이런 숨막히는 가정 환경은 디랙의 내향적인 성격에 기여했고, 대화보다는 침묵을 선호하는 인물로 만들었다. 디랙은 명확한 답을 주고 언어의 불확실성을 피할 수 있는 수학과 물리에 특히 뛰어났으며, 여러 의미로 해석될 수도 있는 단어나 표현을 좋아하지 않았다. 브리스틀대학교University of Bristol에 입학한 그의 초기 전공은 전기공학이었지만 곧 수학으로 방향을 틀었다. 이 시기의 교육은 훗날 그의 이론적 혁신을 떠받치는 토대가 됐고, 디랙의 연구 스타일을 특징짓는 강력한 수학적 기반을 형성했다.

### 디랙의 연구 철학

디랙에게 방정식은 단순한 과학 문제를 풀어내는 도구일 뿐만 아니라 하나의 예술 결과물이기도 했다. 디랙은 "수학적 아름다움"이라는 개념을 신봉했으며, 우아하고 간결한 수학적 형식화가 우주의 근본적 진리를 더 잘 설명할 것이라고 믿었다. 이 철학은 그의 연구 방향을 이끌었고, 디랙을 다른 물리학자들과 차별화시켰다. 동료들이 현실적인 해답을 추구했던 시기에, 디랙은 수학적 순수성을 찾았다.

우아한 풀이에 대한 이러한 열정은 디랙 방정식의 창안에서 가장 명확하게 드러난다. 1928년에 제시된 이 방정식은 양자역학과 특수 상대성이론을 결합해 빠르게 움직이는 전자의 거동을 처음으로 완전하게 기술했다. 디랙 방정식은 전자 스핀의 존재를 설명했을 뿐만 아니라, 반물질의 존재도 예측했다. 이러한 혁명적인 개념은 칼 데이비드 앤더슨Carl David Anderson이 1932년 양전자Positron를 발견함으로써 확인됐다.

디랙 방정식은 물리학에서 종종 가장 아름다운 방정식 중 하나로 여겨지기도 하는데, 이것은 수학의 아름다움이 자연 세계의 깊은 진리를 드러낸다는 디랙의 믿음이 반영된 것이기도 하다. 그는 자신의 이론적 결과와 실험이 항상 일치해야 한다는 생각에 얽매이지 않았고, 실험과 이론의 차이에 대한 질문에 다음과 같은 유명한 말을 남겼다.

"나는 실험 결과에는 관심이 없어요. 진실에 관심이 있을 뿐입니다."

행렬 표기법으로 종종 표현되기도 하는 디랙 방정식의 간략한 꼴은 다음과 같다.

$$\left(i\gamma^0\frac{\partial}{\partial t}+i\gamma^1\frac{\partial}{\partial x}+i\gamma^2\frac{\partial}{\partial y}+i\gamma^3\frac{\partial}{\partial z}-mc\right)\psi=0$$

이 방정식은 다음과 같은 뜻이다.

- **감마 행렬**Gamma Matrix($\gamma^0$, $\gamma^1$, $\gamma^2$, $\gamma^3$): 상대론적 입자의 스핀을 고려하기 위해 양자장론에서 공통으로 사용되는 4×4 행렬 집합을 나타낸다.
- **파동함수**($\psi$): 입자의 양자 상태를 묘사한다.
- **질량**($m$): 입자의 질량을 나타낸다.
- **빛의 속도**($c$): 진공에서 빛의 속도 상수이다.
- **허수 단위**($i$): 양자역학에서 복소수 계산의 기본 요소이다.
- **편미분**($\partial/\partial t$, $\partial/\partial x$ 등): 이 기호는 시간과 공간에 따라 파동함수가 어떻게 변하는지 보여 준다.

## 내향성과 침묵

디랙의 동료는 그를 종종 "조용한 천재"라고 불렀다. 그도 그럴 것이, 그는 절제된 발언으로 유명했으며, 질문에 대한 답을 한두 단어로 말하는 경우가 잦았다. 이런 독특한 특징은 "디랙 단위Dirac unit"라는 농담도 만들어 냈는데, 1 디랙이란 한 시간 대화하는 동안 한 단어를 말한다는 뜻이다. 어떤 사람들은 그의 수줍음을 잘못 보고 무시하기도 했는데, 사실 이것이야말로 디랙이 연구에 접근하는 방식의 근본이었다. 침묵은 디랙에게 깊이 생각할 수 있는 공간을 줬고, 그에게 산만해지지 않고 이론 물리의 복잡함을 연구할 수 있도록 했다.

디랙은 극도로 내향적인 성격이었음에도 불구하고, 동시대의 주요 물리학자들과 의미 있는 관계를 형성했다. 특히 아인슈타인과 디랙의 우정은 깊은 상호 존중을 바탕으로 했다. 두 사람은 물리학에 접근하는 방식에서 큰 차이를 보였다. 아인슈타인은 끝까지 결정론적 세계관을 지지했고, 디랙은 양자역학이 제시하는 확률적 우주를 자연스럽게 받아들였다. 그럼에도 두 사람은 우주가 지닌 더 깊은 진리를 찾기 위한 대화를 나눴고, 서로의 지적 태도에 감탄했다. 디랙은 아인슈타인이 확률적 해석을 거부하며 자신의 신념을 고수한 점을 존경하면서도, 자신만의 혁신적 연구를 통해 양자역학과 상대성이론을 통합하는 데 성공했다.

디랙의 극도로 조용한 성격은 다른 중요한 우정을 맺는 데 장애가 되지 않았다. 양자역학 발전 과정에서 하이젠베르크와 디랙의 관계는 특히 의미가 깊었다. 하이젠베르크의 행렬역학은 디랙의 사고방식에 큰 영향을 미쳤고, 두 사람은 서로 다른 접근법에도 불구하고 밀접하게 협력하며 초기 양자이론의 기초를 정립해 나갔다. 하이젠베르크는 디랙의 조용한 집중력과 독창적 통찰을 높이 평가했으며, 그를 새롭게 등장한 양자역학 분야에서 없어서는 안 될 핵심 인물로 여겼다.

### 반물질의 예측

디랙의 예측 중 가장 위대한 것은 아마도 반물질의 존재일 것이다. 그의 디랙 방정식은 전자를 설명할 뿐만 아니라 전하만 다른 동일한 입자를 최초로 예측했다. 오늘날 우리가 양전자positron라고 부르는 이 입자는 그 당시 누구도 관측한 적이 없어 과학계에 큰 충격을 줬다. 많은 물리학자는 회의적이었지만, 디랙은 자신의 방정식이 보여 주는 수학적 아름다움과 논리성을 굳게 신뢰했다.

그리고 1932년 칼 데이비드 앤더슨이 양전자를 발견했을 때, 디랙의 예측은 현실에서 입증됐고 그는 현대 물리학의 위대한 선구자로 자리매김했다. 디랙은 자신의 방정식이 반물질의 존재를 예측한다는 것을 알아차렸을 때, 흥분하기보다는 조용히 놀라움을 느꼈다. 그가 찾던 성과는 아니었지만 우주의 숨은 비밀에 대해 더 깊이 있는 이해, 즉 그가 평생 동안 믿어 온 수학의 아름다움이 반영됐기 때문이다. 반물질의 발견은 연구의 새로운 장을 열었고, 입자물리학, 우주론, 심지어 양전자단층촬영PET과 같은 영상의학 기술의 진보에도 기여했다.

이러한 발견은 이론과 현실의 간극을 잇는 디랙의 능력을 보여 준다. 그의 반물질 예측은 순전히 수학적 사고에서 출발했으며, 아직 관측되지 않은 우주의 한 측면을 이끌어 낸 순수한 이론적 통찰의 힘을 증명하는 사례가 됐다. 이는 수학적 아름다움이 곧 자연의 진리를 드러낼 수 있다는 디랙의 확신을 강력하게 뒷받침한다.

## 협력, 경쟁, 우정

디랙이 비록 사회적으로는 고립돼 있었지만 그는 다른 물리학자들과 중요한 협력 관계를 구성하고 있었고, 이는 그의 과학적 성취에 기본이 됐다. 엔리코 페르미Enrico Fermi와의 협력은 매우 낮은 온도에서 페르미온으로 이뤄진 계의 거동을 이해하는 기본적인 도구인 페르미-디랙 통계Fermi-Dirac statistics의 발견을 이끌어 냈다. 페르미는 보다 외향적인 성격으로 유명했지만, 디랙과 함께 연구를 잘 수행했고 그의 조용한 집중력을 보조해 문제 해결에 더 많은 토론으로 접근했다. 두 사람은 닮지 않은 한 쌍이었지만 서로 완벽하게 균형이 맞는 파트너였다.

하지만 디랙과 보어의 관계는 복잡하고 미묘했다. 코펜하겐연구소의 활기찬 분위기와 끝없는 토론을 사랑했던 보어는, 조용하고 독립적인 성향의 디랙과 종종 충돌하기도 했다. 그럼에도 두 사람은 서로의 지적 성취를 깊이 존중했다. 이론을 이해하는 방식에서 접근법은 달랐지만, 보어는 양자역학에 대한 디랙의 공헌을 높이 평가했다. 코펜하겐연구소의 시끄럽고 토론이 넘쳐나는 환경과 디랙이 고요한 사색 속에서 방정식을 파고드는 모습을 비교하면, 두 사람의 대조적인 스타일은 더욱 선명해진다. 그럼에도 불구하고, 두 사람은 서로의 방법론을 인정하고 존중하는 관계를 유지했다.

디랙의 가장 중요한 지적 동료 중 하나는 괴짜 물리학자로 알려진 리처드 파인만Richard Feynman이었다. 파인만은 디랙의 정확성을 찬양했으며 디랙의 연구가 자신의 연구에 방향을 제시하는 중요한 영향력을 미쳤다고 언급했다. 파인만이 쇼맨십과 유머로 유명했던 것과 달리, 두 사람은 전혀 다른 개성을 지녔지만 깊은 유대를 공유했고, 이론물리학에 대한 순수한 열정은 두 사람을 깊이 묶어 줬다.

## 물리학 밖으로의 열정

물리학에 몰두한 삶이었음에도 불구하고, 디랙은 다른 관심사와 열정을 기를 시간을 잃지 않았다. 그는 특히 비행과 등산을 사랑했다. 디랙이 항공기 파일럿이 된 것은 아니었지만 항공역학에 깊이 빠져 있었고, 큰 관심을 갖고 항공 분야의 발전을 이루기도 했다. 공간적으로 움직이는 기계에 대한 디랙의 관심은 입자의 움직임과 우주의 힘에 대한 그의 과학적 탐구와 맥을 같이 한다.

등산은 디랙의 또 다른 열정을 쏟는 분야였다. 등산은 그에게 복잡한 수학 문제를 푸는 데 필요한 고독함을 줬기에, 그는 자연의 조용한 아름다움에서 평안을 찾아 영국의 시골이나 산을 오랫동안 걸어 다녔다. 이러한 단독 산행은 그의 사고 과정의 기초가 됐고, 가장 어려운 이론 문제를 공략하는 데 정신적 명료함을 안겨줬다.

디랙의 사생활은 물리학자 유진 위그너Eugene Wigner의 여동생 마르깃 위그너Margit Wigner와의 결혼으로 안정을 찾았다. 마르깃은 디랙에게 정서적 안정감과 도움을 줬으며, 디랙이 평화로운 가정생활과 연구 욕구 사이에서 균형을 잡도록 도와줬다. 이들의 결혼은 진정한 의미에서 동반자적 관계였고, 디랙이 과학 연구에 필요한 고독을 유지하는 동시에 외부 세계와 소통할 수 있도록 했다.

## 마무리

디랙은 말수가 적은 사람이었지만 엄청난 깊이가 있는 사람이었다. 양자역학과 상대성이론 사이에 다리를 놨고, 반물질의 존재를 예측했으며, 여러 세대의 물리학자들에게 영향을 끼쳤다. 디랙은 오늘날에도 물리학에서 가장 영향력 있는 인물 중 한 명으로 평가된다. 비록 사회적 상호작용에 어려움을 겪었지만, 하이젠베르크, 페르미, 아인슈타인 같은 핵심 인물들과 의미 있는 동료 관계를 유지했고, 파인만과의 우정을 통해 새로운 이론적 아이디어를 지속적으로 탐구해 나갔다.

디랙이 남긴 연구 결과는 현대 과학 전체에 지속적인 영향을 미치는 소중한 유산이 됐다. 그의 혁신적 아이디어는 우주론부터 영상의학에 이르기까지 광범위한 분야에 영향을 끼쳤고, 이론적 발전이 종전의 범위를 훨씬 넘어 실질적인 응용 분야에도 영향을 줬다.

젊은 과학자들에게 디랙의 삶은 강력한 교훈을 준다. 성취와 혁신이 항상 학계의 가장 주목받는 논의에서 나오는 것이 아니라, 진실을 조용히 추구하는 자세와 발견에 대한 순수한 열정, 그리고 우주를 구성하는 구조의 아름다움에 대한 믿음에서 비롯된다는 것이다. 이는 때로 혁신이 대중으로부터 한 발짝 떨어진 곳에서 고독을 포용하고, 알려지지 않은 영역에서 사고를 자유롭게 펼칠 때 올 수도 있음을 보여 준다.

디랙의 연구는 자신의 아이디어에 담긴 우아함을 믿는 용기가, 비록 세상이 당장은 이해하지 못하더라도 결국 미래를 바꾸는 발견으로 이어질 수 있음을 보여 준다.

# 리처드 파인만
# 단순함의 장인

리처드 파인만Richard Feynman은 단순히 저명한 물리학자가 아니다. 그는 교육자였고, 과학 철학자였으며, 끝없는 호기심을 가진 인간이었다. 배움에 대한 재미있는 접근법과 복잡한 아이디어를 쪼개 들어가는 독특한 능력으로 유명한 그는 양자역학을 가르치는 법과 이해하는 법을 바꿔 놨다. 파인만은 단지 현대 물리학뿐만 아니라 교육에도 오랫동안 그 유산을 남겼다. 교육에서 단순함, 호기심, 그리고 직접성을 강조한 것은 학생과 과학자 모두에게 지속적인 영감을 준다. 이제 파인만을 과학사의 진정 특별한 인물로 만들어 준 그의 업적과 유머, 취미가 어우러진 삶을 살펴보겠다.

## 파인만 도형: 복잡함을 간단하게

파인만이 양자역학에 가장 유의미하게 기여한 것은 의심할 필요도 없이 파인만 도형Feynman diagram이다. 1948년에 도입된 이 시각적 도구는 물리학자들이 입자의 상호작용을 이해하는 방법에 혁명을 일으켰다. 파인만 도형이 등장하기 이전에 양자장론quantum field theory의 계산은 복잡했고, 방대한 연산을 필요로 했다. 이때, 파인만 도형은 이 상호작용을 직관적이고 접근 가능하게 만드는 시각적 표현으로 제시했다.

파인만 도형은 입자를 선으로 묘사하고 상호작용을 꼭짓점으로 나타내, 과학자들이 복잡한 방정식을 헤매기보다는 그 과정을 시각적으로 "바라볼"

수 있게 해 준다. 또한 수학적 복잡성을 단순화하고 양자역학을 더 많은 청중에게 선보이는 역할을 했다. 파인만에게 파인만 도형은 "간단히 설명할 수 없다면, 당신은 그것을 충분히 잘 이해하지 못한 것이다"라는 그의 철학을 구현한 것이다. 파인만의 뛰어난 재능은 추상적인 개념을 명확하게 형상화하는 데 있었으며, 그는 학생들과 동료 과학자에게 복잡한 내용을 깔끔하게 정리해 주는 도구를 제공했다.

하지만 파인만은 파인만 도형을 개발하는 것에서 멈추지 않았다. 그는 자신의 강의에서도 이를 핵심 도구로 사용했다. 칼텍Caltech, 캘리포니아 공과대학교의 강의와 그 이후에도, 파인만은 파인만 도형을 사용해 입자들의 거동을 매력적이고 직접적으로, 때로는 흥미로운 방식으로 묘사했다. 파인만을 사랑받는 교사로 만들어 준 것 가운데 하나는 가장 복잡한 과학적 개념을 간단하고 연관된 설명으로 풀어내는 파인만의 탁월한 능력 덕분이었다.

## 과학과 삶을 놀이처럼 접근하기

파인만의 가장 사랑스러운 면모는 타고난 '놀이 감각'이었다. 그는 과학을 아이가 넓은 호기심과 순수한 탐구심으로 퍼즐을 풀듯 즐기며 접근했다. 이런 놀이 감각은 파인만의 물리학 연구에만 머물지 않았다. 파인만은 일상에서도 농담을 즐기는 것으로 유명했으며, 로스앨러모스국립연구소Los Alamos National Laboratory에서 맨해튼 계획을 위해 일하던 중에는 극비 정보를 보관하는 금고를 여는 취미를 개발하기도 했다. 이는 보안의 허점을 알리고 기밀 유지의 중요성을 일깨우려는 의도에서 시작한 일이었지만, 장난삼아 시작한 호기심이 어느새 작은 집착으로까지 발전했다.

파인만의 놀이 감각은 그저 장난으로 끝나지 않았다. 그는 음악, 특히 봉고 연주에 깊은 열정을 품고 있었고, 파티에서는 늘 봉고를 두드리며 분위기를 이끌었다. 음악은 그의 삶에서 빼놓을 수 없는 중심이었으며, 실제로 브라질을 방문했을 때는 삼바 공연단과 함께 무대에 오를 정도로 진지하게 연주를 사랑했다. 파인만은 음악이 물리와 마찬가지로 재미있게 접근한다고 하더라도 깊이 이해하고 감상할 수 있는 그 자체의 구조와 아름다움이 있다고 믿었다.

그의 동료들은 파인만이 세상의 모든 것에서 경이로움을 발견하는 감각이 창의력의 원천이 됐다고 자주 말했다. 개미의 길 찾기 방식, 회전하는 접시의 물리, 스프링클러에서 물이 흐르는 성질 등 파인만의 호기심은 끝이 없었다. 파인만은 과학이 단지 직업이나 대상이 아니라 모든 것을 탐구할 수 있는 렌즈를 통해 세상을 바라보는 방법이라는 철학을 몸소 체현했다.

## 동료 과학자들과의 관계

파인만과 동료의 관계는 그의 흥미만큼이나 역동적으로 변했다. 파인만은 닐스 보어Niels Bohr, 머레이 겔만Murray Gell-Mann, 줄리안 슈윙거Julian Schwinger 등 당대의 가장 영향력 있는 물리학자들과 친밀히 교류했으며, 그들의 기여에 깊은 존경을 표했고, 겸손함과 당당함이 섞인 성격으로 이들과의 관계를 만들어 갔다.

파인만과 보어의 관계는 상호 존중에 바탕을 두고 있었지만, 그렇다고 의견 차이가 없었던 것은 아니다. 양자역학의 거장인 보어는 길고 복잡한 설명을 하는 것으로 유명했는데, 파인만은 종종 그 장황함에 답답함을 느끼곤 했다. 파인만은 "난 그 사람(보어)이 뭐라고 하는지 전혀 이해가 안 되더라"고 회고한 적도 있다. 하지만 그런 혼란 속에서도, 파인만은 영감을 찾아냈다. 비록 이해하기는 어려웠지만, 보어의 아이디어는 파인만을 새로운 방식으로 생각하도록 도와줬다.

파인만과 겔만의 관계는 좀 더 경쟁적이었다. 두 사람은 칼텍에서 바로 옆자리에서 연구했지만 연구 방식은 극명하게 달랐다. 겔만은 치밀하고 꼼꼼함으로 유명했고, 파인만은 훨씬 직관적이고 느슨한 접근을 선호했다. 이러한 차이에도 두 사람은 경쟁 속에서 20세기 입자물리학을 대표하는 중요한 혁신들을 쏟아냈다.
그러나 경쟁만 있었던 것은 아니다. 파인만은 동료 물리학자들, 특히 노벨상을 받은 슈윙거나 파인만의 학생이었던 프리먼 다이슨Freeman Dyson과 깊은 우정을 나눴다. 그들이 함께한 연구실은 늘 농담과 웃음이 끊이지 않았고, 그 속에서 양자전자기역학QED, Quantum ElectroDynamics을 비롯한 시대적 통찰들이 탄생했다.

## 상실에 직면하기

유머 감각과 쾌활한 성격으로 알려진 파인만도 깊은 개인적 상실을 겪은 적이 있었다. 그중 가장 결정적인 순간은 첫 번째 아내 아를렌Arlene의 죽음이었다. 폐결핵을 앓고 있었던 아를렌과 파인만은 제2차 세계대전 무렵 결혼했고, 1945년 아를렌의 죽음은 그에게 큰 충격을 줬다. 그러나 그 비극은 동시에 파인만의 또 다른 면모를 드러내는 계기가 됐다. 그는 절망에 주저앉기보다, 그 속에서 의미를 찾으려 노력했다.
파인만은 슬픔을 억누르지 않았다. 오히려 슬픔을 품은 채 삶을 계속 살아내는 방식으로 그 고통에 답했다. 아를렌이 세상을 떠난 뒤 그는 깊은 사랑과 그리움을 담아 편지를 썼는데, 이 편지는 그가 죽고 난 후에야 공개됐다. 세상에 알려진 유쾌하고 능청스러운 과학자 모습과는 달리, 그의 가장 취약하고 솔직한 내면이 드러난 순간이었다.
이 기간 동안 파인만은 과학과 삶에 대한 접근 방법을 바꿨다. 그는 현재와 삶의 불확실성을 즐기는 데 더 집중하게 됐으며, 봉고 연주, 예술에 대한 모험, 새로운 것을 시도하려는 의지 등이 생겼다. 이는 깊은 상실에서 비롯된 것이었다. 파인만은 그 누구보다도 삶이 깨지기 쉽고 날아가기 쉽다는 것을 잘 알았으며, 이 깨달음은 모든 것에서 발견과 즐거움을 찾으려는 그의 열정에 불을 지폈다.

## 챌린저 참사

파인만의 말년 경력에서 가장 유명한 일화 중 하나는 1986년 챌린저 우주왕복선 참사 조사에 참여한 것이었다. 로저스위원회Rogers Commission에 임명된 파인만은 그의 직접적이고 빠른 접근 방식으로 이 비극의 기술적 원인을 밝혀내는 데 핵심적인 역할을 했다.

조사가 관료적인 논의로 지체되고 있는 동안, 파인만은 참사의 원인인 O링O-ring 파손을 단지 한 잔의 얼음물을 사용해 널리 보여 줬다. 파인만의 간단한 실험은 우주왕복선의 부스터 로켓에 사용된 고무 O링이 낮은 온도에서 깨지기 쉬워지고, 이것이 어떻게 해서 파국적인 손상을 이끌어 내는지 보여 줬다. 이러한 실질적이고 알기 쉬운 접근법은 가장 복잡한 문제조차도 간단하고 직접적인 방법을 통해 이해할 수 있다는 파인만의 신념을 보여 주는 상징적 사례다.

파인만이 조사에서 맡은 역할은 미항공우주국NASA이 앞으로 닥칠지도 모를 비극을 피하도록 돕는 일이었다. 그는 명료한 사고와 건전한 회의주의가 얼마나 중요한지 몸소 보여 줬고, 안전 문제를 가볍게 넘기게 만든 NASA의 관료적 문화를 날카롭게 지적했다. 행정부가 항상 그의 솔직함을 높이 평가한 것은 아니었지만, 파인만의 솔직함은 향후 재해를 예방하는 데 중요한 역할을 했다.

## 교육과 소통

과학 교육에 대한 파인만의 영향은 지대하다. 유명한 『파인만의 물리학 강의1Feynman Lectures on Physics』(승산, 2004)는 물리학 교재 가운데 전 세계에서 가장 널리 읽히는 시리즈 중 하나로 남아 있으며, 이 강의록은 여전히 모든 수준의 학생들이 어려운 주제를 이해하고 매력을 느낄 수 있도록 이끄는 탁월한 저서다.

파인만의 독특한 강의 스타일은 유머와 열정 그리고 경직된 진지함을 거부하는 것이 특징으로, 여러 세대의 학생들에게 영향을 미쳤다. 파인만은 배움이란 재밌어야 하고, 과학은 본질적으로 호기심과 발견에 관한 것이라 믿었다. 오늘날 과학을 가르치는 방법에도 그의 업적이 남아 있는데, 많은 교육자가 실제 사례와 시각적 접근법을 통해 학습을 더 매력적으로 만드는 방식을 채택하고 있다.

과학 소통에 대한 파인만의 기여는 강의실을 넘어서까지 확장됐다. 그는 이야기 장인으로, 복잡한 과학적 원리를 누구나 이해하기 쉬운 이야기로 바꿨다. 『파인만 씨 농담도 잘하시네1Surely You're Joking, Mr. Feynman!』(사이언스북스, 2000)와 『발견하는 즐거움The Pleasure of Finding Things Out』(승산, 2001) 같은 책은 유머와 재치로 무장돼 독자들에게 여전히 사랑받고 있으며 20세기의 가장 위대한 과학자들의 생각에 영감을 불어넣어 준다.

## 마무리

리처드 파인만은 모순적인 인물이었다. 놀기 좋아하지만 진지했고, 내향적이지만 매력적이었으며, 매우 지적이면서도 참신하게 유머로 비꼴 줄 알았다. 양자역학에 대한 파인만의 기여는 과학계에 영구적인 유산을 남겼다. 하지만 더욱 중요한 것은 파인만의 삶이 호기심의 힘, 발견의 기쁨, 불확실함에 직면하더라도 충실하게 살아가는 삶의 중요함에 대한 증거라는 점일 것이다.

오늘날 젊은 과학자들에게 파인만의 삶은 값진 교훈을 준다. 진정한 이해는 복잡함이 아닌 명료함에서 나오며, 과학은 호기심과 열린 마음이 최선의 접근법이라는 것을.

파인만은 우리에게 인상 깊은 발견이 간단한 질문을 던지는 것과 탐구 과정에서 즐거움을 찾는 것으로부터 온다는 가르침을 남겼다. 파인만 도형, 스토리텔링, 간단한 실증, 그 어떤 것에서든 파인만은 과학이 결국 단순함과 솔직함, 그리고 진심 어린 배움의 사랑에서 자라나는 여정임을 몸소 보여 준 셈이다.

## 존 벨
# 부등식을 넘어서

존 벨John Bell은 그저 단순히 성과가 좋은 물리학자가 아니다. 양자역학의 역사에 깊이 연관된 사상가였다. 벨 정리Bell's Theorem에 대한 그의 혁신적 연구는 우리가 우주를 이해하는 방법과 현실의 본성에 관한 오랜 관점을 바꿨으며, 벨이 기여한 분야는 과학계를 넘어 확장됐다. 그의 인간적 면모와 호기심, 그리고 철학에 대한 사랑은 그를 20세기 물리학에서 기억할 만한 인물로 만들어준다. 벨의 과학적 성취와 그의 개인적 측면, 양자역학의 길을 영원히 바꿔 준 그의 환상적인 생각에 빠져들어 보자.

### 공학적 근본과 과학적 엄격함

양자역학에 입문하기 전 벨은 엔지니어로서 자신의 기술을 연마했다. 특히 영국 벨파스트Belfast에 있는 퀸스대학교Queen's University에서 전기공학을 공부했는데, 이 경험은 그의 과학에 대한 접근법을 바꿨다. 공학의 내재적 과정은 벨을 방법 중심의 체계적인 사상가로 만들었고, 이는 훗날 양자이론에서 귀중한 자질이 됐다.

벨의 공학적 사고방식은 그가 이론물리학자로 전향할 때 그에게 독특한 능력을 줬다. 추상적 사고에 빠지기 쉬운 분야에서 벨은 만질 수 있고 작동하는 해법을 찾는 데 집중하는, 문제 해결 지향적인 접근법을 가져왔다. 엄격한 공학적 규칙은 벨에게 특정한 수준의 겸손함과 함께 독특한 문제에 접근하는 데 도움을 줬다. 이런 하향식 접근법은 벨이 그의 동료와 학생들로부터 칭송받게 만들었다. 동료와 학생들은 벨의 신중한 접근이 과학적으로 신선한 접근법이라고 생각했다.

세부 사항을 끝까지 파고드는 그의 집요함은 나중에 벨 정리 연구에서 특히 빛을 발한다. 고전물리학의 핵심 믿음을 뒤집은 이 정리는, 그가 공학 시절부터 몸에 익혀 온 바로 그 엄밀함과 정확성을 요구하는 작업이었다.

## 고전적 가정 깨부수기

벨이 남긴 과학적 유산의 핵심은 벨의 정리로, 고전적 물리학 관점에 도전하는 원리다. 벨의 정리는 숨은 변수에 기반한 어떤 이론이라도 양자 세계의 모든 예측을 재현할 수 없다는 것을 수학적으로 증명했다. 이 발견의 핵심에는 양자얽힘quantum entanglement이라는 현상이 자리하고 있는데, 이는 입자가 일단 얽히게 되면 엄청나게 먼 거리에서도 연결된 상태로 남아 있다는 것을 뜻한다. 이때 한 입자의 상태는 다른 입자의 상태에 아무리 멀리 떨어져 있더라도 즉시적으로 영향을 준다. 아인슈타인은 이 아이디어를 "섬찟한 원격 작용spooky action at a distance"이라고 폄하했는데, 벨은 바로 이 "섬찟함"이 실제임을 보였다.

벨의 정리는 중대한 의미를 지니고 있다. 이 정리는 국소성에 대한 고전적 관점, 즉 물체는 그 바로 주변에 있는 것들에 의해서만 영향을 받는다는 생각에 정면으로 도전하기 때문이다.

벨의 연구에 따르면 양자역학은 비국소적 상호작용을 허용한다. 다시 말해, 우주의 한 지점에서 벌어진 변화가 아무리 멀리 떨어진 다른 지점에도 곧바로 영향을 미칠 수 있다는 뜻이다. 이 결과는 물리학자들로 하여금 공간과 시간의 경계, 그리고 현실의 본질 자체에 대해 다시 질문하게 만들었다.

그가 1964년 벨의 정리를 발표했을 때, 과학계는 충격을 받았다. 그의 연구가 결정론적인 고전적 관점이 양자역학과는 양립할 수 없음을 수학적 확실성으로 입증했기 때문이다. 수십 년간 물리학자들은 양자 입자의 이상한 거동을 세계에 대한 고전적 이론으로 설명하려고 시도했지만, 벨은 그것이 불가능함을 보였다. 이것은 양자역학의 이해에 새로운 장을 열었고, 양자 얽힘을 직접 검증하는 실험 연구의 기초가 됐다.

벨의 반응은 의외로 담담했다. 그는 자신의 발견을 두고 감상적으로 흥분하기보다는 오래된 난제를 푸는 과정에서 논리적으로 도달한 필연적 결론로 여겼다. 이것이 양자역학의 이해에 오랫동안 존재하던 문제를 풀이하는 방법이었다. 벨의 감각은 기분을 뒤쫓기보다는 그 함의를 탐구하는 호기심과 결정을 향해 기울어 있었다. 벨의 정리는 숨은 변수가 실제적이고 국소적인 이론 체계 내에 잘 들어맞는 방식으로 양자 현상을 설명할 수 있는지를 이해하는 개인적 임무의 일부분이었다. 그의 연구가 국소적 숨은 변수가 양자역학의 예측을 재현해 낼 수 없다는 결론에 도달했을 때 벨은 거기에 숨은 놀라운 뜻에 분명 이끌렸겠지만, 그는 스스로에 대해 극적인 감정을 표시하지 않았다.

처음엔 벨의 정리에 대해 동료들의 반응이 그리 호의적이지 않았다. 당시 많은 물리학자는 코펜하겐 해석에 만족하고 있었고, 확률과 측정 행위의 역할에 집중하는 이 해석은 숨은 변수 이론에 별로 호의적이지 않았다. 보어와 하이젠베르크 같은 물리학자들은 숨은 변수를 마음에 들어 하지 않았고, 벨의 연구는 많은 사람이 소극적으로 다뤄왔던 현실의 본질에 대한 의문을 던지며 이 아이디어에 도전하는 것처럼 보였다.

벨의 연구 결과가 즉시 널리 관심을 받거나 하루아침에 연구 과정을 바꾸진 않았다. 벨 정리는 미묘하고 고도로 수학적이었지만, 그 중요성을 알아본 소수의 과학자가 있었고, 이들은 그 의미를 파헤치는 데 긴 시간을 들였다. 그리고 1970~1980년대에 알랭 아스페Alain Aspect가 벨 부등식을 실제 실험으로 검증하면서 상황이 달라졌다. 아스페의 실험은 양자역학이 벨 부등식을 실제로 위반한다는 사실을 확인했고, 이는 우리 우주가 국소적인 숨은 변수 이론과는 다른 방식으로 움직인다는 뜻임을 분명히 해 줬다.

### 연구를 살펴보자

벨의 정리의 핵심적인 수학적 통찰은 하나의 방정식이 아니라 벨 부등식Bell's inequality이라는 개념에 담겨 있다. 이 부등식은 양자역학적 실험의 결과가 국소적 숨은 변수에 의해 설명될 수 있는지, 아니면 양자역학이 예측되는 비국소적 상호작용이 필요한지를 검증할 수 있도록 설계됐다.

벨 부등식의 가장 간단한 꼴 중 하나는 (클라우저Clauser, 혼Horne, 시모니Shimony, 홀트Holt가 벨의 연구 결과를 재구성해 만든) CHSH 부등식이다. CHSH 부등식은 벨의 정리를 검증하는 실험에서 자주 사용된다.

이 부등식은 대체로 다음과 같이 적는다.

$$\left|E(a,b) + E(a,b') + E(a',b) - E(a',b')\right| \leq 2$$

그 뜻은 다음과 같다.

- $E(a,\ b)$는 얽혀 있는 두 입자를 $a$와 $b$라는 다른 조건(가령, 측정 장치의 각도를 다르게 하는 설정)을 써서 측정했을 때의 상관성을 나타낸다.
- $E(a,\ b')$, $E(a',\ b)$, $E(a',\ b')$는 다른 조건을 조합해 측정한 실험의 상관성을 나타낸다.

CHSH 부등식은 벨 부등식 실험에서 가장 널리 사용되는 형태다. 이는 지나치게 추상적인 수학을 파고들지 않고도 벨 부등식의 수학적 뼈대를 보여주는 효과적인 방법이다.

## 인간관계와 지적인 결합

벨은 연구실 구석에 틀어박혀 홀로 계산만 하는 천재형 인물과는 거리가 멀었고, 그의 인간관계는 그의 사유와 연구 방향에 큰 영향을 줬다. 가장 중요한 인연 중 하나는 아내이자 물리학자였던 메리 로스 벨Mary Ross Bell로, 이들의 결혼은 동료를 넘어 지적인 연합이기도 했다. 메리는 종종 벨의 아이디어를 검증해 주는 역할을 했고, 그에게 감정적인 지지와 과학적 지혜를 줬다. 이 둘은 양자역학의 근본적 질문을 이해한다는 깊은 사명을 공유했기에, 벨과 메리 사이의 동료 관계는 특히 각별했다. 벨은 자주 메리가 그의 침착성을 유지하도록 돕는다고 언급했고, 벨의 삶 곳곳에서 메리의 흔적이 보였다. 두 사람의 협력은 우리에게 가장 복잡한 과학적 혁신조차 개인적 인간관계와 아이디어 공유의 영향을 받음을 일깨워 준다.

직장 동료들과의 교류도 마찬가지로 벨에게 큰 영향을 미쳤다. 그는 코펜하겐 해석에 정면으로 도전했던 데이비드 봄David Bohm을 높이 평가했다. 봄의 숨은 변수 이론은 현실주의적 경향이 강한 벨에게 매력적인 대안적 양자 이론으로 다가왔으며, 기존 규범에 문제를 제기한 봄의 태도는 벨에게도 자극이 돼, 널리 받아들여진 해석에 의문을 던지고 다른 가능성을 모색할 용기를 북돋았다.

물론 모든 인간관계가 순탄한 것만은 아니었다. 보어나 하이젠베르크와의 논쟁은 종종 뜨겁게 타올랐다. 관찰자가 현실의 모습에 근본적인 역할을 한다는 이들의 주장은, 관찰자와 무관하게 존재하는 객관적 세계를 믿었던 벨의 입장과 상충했다. 그럼에도 벨은 그들을 인신공격적으로 비난하기보다는 논쟁을 통해 자신의 생각을 더 정교하게 다듬어 나갔다. 이런 충돌은 오히려 벨 정리와 그 해석을 더 세밀하고 단단하게 만드는 계기가 됐다.

### 급진적 변화

벨의 정리에서 나타난 가장 혁신적인 아이디어 중 하나는 비국소성의 개념이다. 이 아이디어는 얽힌 입자가 먼 거리를 건너뛰어 즉시 상호작용할 수 있다는 것인데, 이는 국소성에 대한 고전적 개념을 거부하고, 시공간의 구조에 근본적인 질문을 불러왔다. 어떻게 해서 입자가 아인슈타인의 상대성 이론의 원리를 위반해 빛의 속도보다 더 빠르게 통신할 수 있는 것처럼 보일까?

벨에게 있어서 비국소성은 단지 이론적 호기심이 아니라 양자역학을 더 깊이 있는 수준에서 이해하는 통로였다. 벨의 정리는 아스페와 같은 물리학자들의 실험적 증명으로 향하는 길을 열었는데, 아스페는 1980년대에 벨의 예측에 실험적 증거를 주는 혁신적 실험을 수행했다. 아스페의 실험은 얽힌 입자들이 정확히 벨이 예측한 대로 국소적 숨은 변수에 의해서는 설명할 수 없는 방식으로 연결돼 움직이는 것을 보였다. 이 실험은 양자얽힘을 받아들이는 전환점이 돼, 벨이 20세기 물리학계에서 가장 중요한 인물 중 하나로 굳어지게 했다.

비국소성에 대한 벨의 연구는 양자이론을 바꾼 것뿐만 아니라 실질적 응용에도 문을 열었다. 양자 암호는 비밀이 보장된 통신을 위해 얽힌 입자의 거동에 의존하며, 이는 벨의 연구의 가장 직접적 결과 중 하나다. 마찬가지로 양자컴퓨터도 중첩과 얽힘을 사용하며, 이는 벨이 만들어 낸 비국소성 원리의 중요한 결과물이다. 과학, 기술, 양자컴퓨터에 대한 영향을 더 공부하고 싶다면 절찬리에 판매 중인 『Quantum Computing Explained for

Beginners』(PANTHEON SPACE ACADEMY, 2023)를 읽어보기 바란다.

## 취미와 개인적 관심

연구실 밖에서의 벨은 다채로운 취향을 지닌 사람이었다. 벨은 클래식 음악을 매우 사랑했으며 바흐, 베토벤, 모차르트와 같은 작곡가들의 음악을 즐겼다. 이들 작곡가는 벨의 연구에서 나타난 수학적 구조와 같이 복잡한 구성으로 유명하다. 벨은 이들 음악에 담긴 정확성과 조화를 높이 평가했으며, 음악의 아름다움과 물리학의 우아함 사이의 유사성을 발견했다. 클래식 음악의 구조적이면서 표현적인 특성은 자주 벨에게 깊이 사색할 수 있는 평화로운 환경을 제공했다.

음악은 단순히 연구 환경을 부드럽게 만드는 배경음 정도에 그치지 않았다. 벨에게 음악은 순수한 즐거움이자 생각을 정리하고 긴장을 푸는 하나의 방식이었다. 그는 아내 메리와 함께 오후나 조용한 저녁 시간을 보내며 좋아하는 교향곡을 듣거나 연주하는 것을 즐겼고, 음악이 자신의 연구와 가정생활을 더욱 풍요롭게 해 준다고 느꼈다. 음악은 그에게 깊은 사색을 가능하게 해 주는 공간이자, 중요한 아이디어와 소중한 사람들에게 다시 연결되는 길이었다.

벨은 오랫동안 사색하며 산책을 즐기는 것으로도 유명했다. 아인슈타인과 마찬가지로, 벨은 산책이 자신의 생각을 더 명료하게 만드는 데 도움이 된다고 여겼다. 산책은 벨에게 아이디어를 발전시킬 시간과 공간을 줬고, 이는 새로운 통찰로 이어졌다. 그의 동료들은 벨의 수많은 중요한 업적에도 불구하고 겸손한 사람으로 남은 그가 얼마나 친근하고 사려 깊은지 잘 알고 있었다.

벨은 특히 자신이 일했던 CERN[유럽입자물리연구소]이 있는 스위스 제네바[Geneva]에 있는 자택에서 오랫동안 사색하며 산책하곤 했다. 스위스의 고요한 시골 풍경은 그의 느긋한 성격과 잘 어울리는 배경이었다. 산책길은 제네바 호숫가 제방을 따라 이어지기도 하고, 초원과 숲, 언덕을 가로지르기도 했다. 이런 평화로운 길 위에서 벨은 연구의 압박에서 잠시 벗어나 자유롭게 생각을 굴렸고, 그 과정에서 이론에 새 생명을 불어넣는 아이디어가 떠오르곤 했다.

벨의 산책은 짧지 않았다. 주말에는 몇 시간씩 걷는 일이 많았고, 혼자 걷기를 즐겼다. 고독은 그에게 재충전의 통로이자, 연구를 깊이 곱씹는 소중한 시간이었기 때문이다. 스위스 시골의 조용한 공기와 자연의 아름다움은 벨에게 영감과 명료함의 샘이 돼 줬고, 이런 삶의 리듬은 동료들로부터도 큰 존경을 받았다.

## 마무리

벨은 철학과 과학 사이, 이론과 실험 사이에서 줄타기를 했다. 벨의 정리에 대한 연구는 현실에 대한 고전적 개념을 깨뜨렸고, 양자 암호에서 양자컴퓨터까지 현내 물리학에서 가장 중요한 몇 가지 발전에 이르는 문을 열었다. 그러나 과학적 업적을 넘어서는 그의 진짜 유산은, 그의 삶 그 자체가 호기심, 지적 겸손, 협력의 힘을 증명하고 있다는 점이다.

젊은 과학자들에게 벨의 여정은 값진 교훈을 준다. 과학은 단지 이론을 증명하는 것뿐만 아니라 올바른 질문을 던지는 것에 관한 것이다. 심지어 불편한 진실에 마주쳤을 때조차 벨은 계속해서 열린 마음으로 새로운 아이디어와 엄격한 증명을 탐구하는 데 헌신했다. 벨의 유산은 지식 추구에는 호기심과 끈기, 그리고 과학의 가장 난해한 도전을 마주했을 때 다른 사람들의 지지가 필요함을 보여 준다.

# 사티엔드라 나드 보즈
# 아인슈타인과의 협력

물리학 역사에서 사티엔드라 나드 보즈Satyendra Nath Bose와 아인슈타인의 협력은 특별히 기록할 만한 순간으로, 이 두 사람은 우리가 양자역학을 이해하는 방식을 바꿨다. 이들의 공동 연구는 입자가 양자 수준에서 어떻게 행동하는지에 대해 기존 이론에 도전해 혁신적인 통찰을 제공했고, 미래의 발명에 문을 열었다. 기술적인 성과를 넘어서 우리는 창의력, 끈기, 그리고 문화적으로 다른 세계가 만나는 이야기를 탐험해 볼 것이다. 여러분은 이를 통해 보즈의 취미를 더 잘 알게 될 것이고, 양자역학을 넘어선 영향력과 그의 삶이 오늘날 과학자들에게 어떤 영감을 주는지도 살펴볼 것이다.

## 보즈의 초창기

보즈는 혁신적인 사상가였다. 자신이 추구하는 지식에서 이미 형성된 규범에 의문을 제기하려고 했기 때문이다. 1894년 인도에서 태어난 그는 서구적 가치가 교육과 탐구에 지대한 영향을 미치던 시기에 성장했다. 보즈의 시대는 벵골 르네상스의 일부로, 역사적으로는 고전적 가르침과 지혜가 재조명받는 문화적 시기였다. 이런 움직임은 19세기 후반과 20세기 초에 꽃피웠고, 보즈의 과학 탐구를 형성하는 데 핵심 역할을 했다. 이 기간 동안 인도는 동양과 서양의 사상을 독창적으로 융합하며 철학, 예술, 과학에 대한 관심이 되살아나는 것을 경험했다.

이런 움직임은 교육과 자기 주체성, 지적인 자유에 대한 깊은 찬양 분위기를 조성했고, 보즈에게 깊은 울림을 주는 가치가 됐다. 이러한 환경에서 성장하며, 보즈는 비판적으로 사고하고 이미 만들어진 규범에 질문하는 용기를 얻었는데, 이는 훗날 그의 물리학 접근법을 결정하게 됐다. 인도의 철학적 전통과 서양의 과학적 방법론을 함께 접한 경험은, 훗날 그가 양자 영역의 복잡한 문제에 접근할 때 중요한 토대가 됐다.

보즈는 벵골 르네상스를 단순히 곁에서 지켜본 것이 아니라, 그 정신을 적극적으로 살아 냈다. 전 세계 과학에 기여하고자 하는 열망 속에서 그는 캘커타의 프레지던시대학Presidency College in Calcutta에서 연구를 이어갔고, 수학과 물리학에서 뛰어난 재능을 보여 줬다. 그는 과학과 영성의 결합을 이야기했던 라빈드라나트 타고르Rabindranath Tagore 같은 사상가에게서 큰 영향을 받았다. 그 결과, 보즈에게 물리학은 단순한 방정식의 집합이 아니라 우주의 더 깊은 진실을 밝혀내려는 시도로 다가왔다. 벵골 르네상스의 이 같은 지적 분위기는 그가 양자역학을 새 관점으로 바라보고, 서구 중심의 과학 사고방식에 도전할 수 있도록 만들어 줬다.

보즈에게서 가장 눈여겨볼 만한 품성 중 하나는 틀을 벗어나 사고하는 능력이었다. 보즈의 연구는 서로를 다른 입자와 구분할 수 없는 구분 불가능한 입자에 집중돼 있었다. 보즈의 방법론은 그 시대의 관점을 거부했는데, 보즈는 이런 입자들이 동시에 같은 양자 상태를 차지할 수 있다고 제안했으며 이것은 고전 물리학으로는 설명할 수 없는 아이디어였다. 이런 혁신적인 생각은 보즈-아인슈타인 통계가 된 이론의 기초가 됐으며, 이 이론은 양자 입자의 이해에 엄청난 혁명적 변화를 가져다줬다.

(너무 복잡해지지 않도록) 간단한 방정식의 사례를 보자.

보즈-아인슈타인 통계에 숨은 핵심 아이디어 중 하나는 다른 에너지 준위에 있는 보손의 분포가 다음의 특정한 공식을 따른다는 것이다.

$$n_i = \frac{1}{e^{(\epsilon_i - \mu)/kT} - 1}$$

그 뜻은 다음과 같다

- $n_i$는 에너지 준위 $\varepsilon_i$에 있는 입자의 수를 나타낸다.
- $\mu$는 화학 퍼텐셜chemical potential을 의미하는데, 기본적으로는 입자를 추가하는 데 얼마나 많은 에너지가 "필요한지"를 나타낸다.
- $k$는 볼츠만 상수로, 온도와 에너지를 연관 짓는 기본 상수다.
- $T$는 그 계의 온도를 나타낸다.
- $e$는 지수함수로, 입자의 분포를 모형화하는 데 사용된다.

## 거절을 이겨 내기

보즈의 여정은 도전의 역사였다. 혁신적인 아이디어에도 불구하고 보즈는 자신의 연구를 알리는 데 엄청난 어려움에 직면했기 때문이다. 한 예로, 유럽 학술지는 양자통계에 대한 보즈의 1924년 논문을 거절했고, 이는 큰 좌절감을 안겨줬다. 그러나 보즈의 핵심적인 성격 중 하나는 '다시 일어서는 힘'이었다. 그는 포기하는 대신, 자신의 논문을 아인슈타인에게 직접 보내기로 결심했다. 영향력 있는 물리학자의 눈에라도 띈다면 연구가 정당한 평가를 받을 수 있을 것이라 기대하며, 그는 자신의 아이디어를 담은 논문을 그대로 아인슈타인에게 보낸 것이다.

아인슈타인은 보즈의 연구 결과의 중요성을 즉시 알아차렸다. 양자역학의 방향을 바꿀 수도 있는 상황에서, 아인슈타인은 보즈의 논문을 독일어로 번역해 유명 학술지인 「물리학 저널Zeitschrift für Physik」에 출판되도록 도움을 줬다. 아인슈타인은 보즈의 이론을 확인했고, 널리 알려서 보즈의 원리를 원자에 적용하게 했으며, 이후 보즈-아인슈타인 통계라고 부르는 이론의 기초를 다졌다.

이러한 협력은 끈기의 중요성과 동료의 힘을 잘 보여 준다. 보즈와 아인슈타인의 협력은 지리적, 문화적 경계를 초월해, 과학의 본질이 얼마나 보편적인지를 증명하는 사례이기도 하다. 보즈에게 그가 연구 결과를 출판하다가 마주친 어려움은 그의 결정을 강화했을 뿐이며, 아인슈타인과 보즈의 운명적인 만남은 역경에 직면했을 때에도 포기하지 않고 몰아붙이는 것이 얼마나 중요한지를 보여 주는 증거가 됐다.

## 보즈-아인슈타인 응축

보즈와 아인슈타인의 협력은 보즈-아인슈타인 응축BEC, Bose-Einstein Condensates이라는 이론적 예측을 이끌어 냈는데, 이것은 절대영도에 가까운 온도에서 나타나는 물질의 한 상태다. 이 상태에서 입자는 자신의 개별적인 특성을 잃고 하나의 양자체로 합쳐지는데, 이때, 마치 분리된 입자라기보다는 하나의 통일된 계처럼 행동한다. 이 현상은 일상에서 접하는 물질에서 관찰되는 전형적인 행동과는 완전히 다르며 양자역학의 기이한 특성을 보여 준다.

보즈와 아인슈타인은 BEC의 존재를 이론적으로만 예측했을 뿐이지만, 그 노력은 수십 년간의 실험 연구에 토대를 마련했다. 1995년 물리학자 에릭 코넬Eric Cornell과 칼 와이먼Carl Wieman이 루비듐 원자를 사용해 응축 상태를 생성함으로써 실험실에서 BEC를 최초로 구현했기 때문이다. 이 실험은 보즈와 아인슈타인이 70년 전에 했던 예측을 확인했으며, 양자역학 연구에 새로운 길을 열었다.

오늘날 BEC는 다양한 첨단 분야에서 활용된다. 한 예로, 빛의 속도를 크게 늦추는 실험에 사용되기도 하며, 이는 양자컴퓨터 연구나 정밀 계측 기술에 새로운 가능성을 제공한다. 보즈와 아인슈타인의 연구는 이론적 통찰이 어떻게 응집물질물리학, 통계역학 등 여러 분야를 뒤바꾸는 발견으로 이어질 수 있는지를 보여 주는 빼어난 사례다.

## 파트너십 구축 및 존중

보즈와 아인슈타인의 협력은 단순한 만남이 아니었다. 상호 존중과 학문적 추구에 뿌리를 둔 우정이었다. 보즈의 신선하고 혁신적인 아이디어는 아인슈타인의 관심을 끌었고, 열린 사고방식은 아인슈타인 자신이 새로운 접근 방법의 가치를 알아차리게 했다. 두 사람은 함께 현대 물리학의 가장 중요한 몇 가지 발견을 촉진한 강력한 결합을 이뤄냈다.

그들을 협력으로 이끈 것은 두 사람의 연구를 풍부하게 만든 다문화적 사고방식이었다. 보즈는 검열에 시달리지만 전통이 풍부한 인도 출신이었다. 보즈의 겸손함과 아인슈타인의 자유로운 사고는 그들의 모든 성공의 토대가 된 새로운 관점을 이끌었으며, 이들의 협력은 국제적 과학 협력의 주춧돌을 놨고, 미래 세대 과학자들이 문화적, 지리적 격차를 넘어 함께 연구하는 길을 열었다.

보즈와 아인슈타인이 협력할 수 있었던 이유 중 하나는 이들이 의사소통 문제를 극복한 방식 덕분이었다. 영어는 보즈의 모국어가 아니었지만 보즈는 아인슈타인이 그 중요성을 바로 알아차릴 수 있을 만큼 복잡한 아이디어를 선명하게 전달했다. 이들의 협력은 문화와 언어의 경계를 뛰어넘어서도 과학적 담론이 얼마나 효과적으로 이뤄질 수 있는지 보여 줬다.

이와 같이 언어의 장벽에도 불구하고 혁신적인 아이디어를 전달했던 보즈의 능력은 젊은 과학자들에게 효과적으로 중요한 메시지를 준다. 명확한 사고와 확고한 신념이 있다면 어려운 장애물을 극복할 수 있고 위대한 아이디어는 언어와 문화적 차이를 초월할 수 있음을 말이다.

## 보즈의 관심사

양자역학에 관한 연구를 차치하고라도 보즈는 관심사가 넓은 사람이었다. 그는 과학의 각 분야가 서로 연결돼 있으며 한 분야의 지식이 다른 분야의 이해를 높일 수 있다고 믿었다. 그의 호기심은 물리학을 넘어 화학 · 수학 · 철학에까지 뻗어 있었다. 보즈는 과학 문제를 다룰 때에도 한 분야에만 갇히지 않고, 여러 영역의 통찰을 엮어 새로운 해결책을 찾고자 했다.

그가 특히 열정을 보인 분야 중 하나는 음악, 그중에서도 인도 전통음악이었다. 보즈는 음악이 자신의 과학적 사고에 창의적 자극을 준다고 여겼다. 그는 열렬한 청취자이자 재능 있는 연주자였으며, 음악과 과학이 모두 아름다움과 조화를 표현하는 또 다른 언어라고 느꼈다. 음악은 그를 편안하게 해 주고, 생각을 정리하고, 연구에 필요한 집중과 휴식을 균형 있게 유지하도록 도와줬다. 보즈는 양자역학에 대한 기여로 가장 유명하지만, 그의 영향력은 물리학 분야를 넘어서 확장됐다. 보즈는 인도의 과학 발전에 많은 노력을 기울였고, 그의 삶의 많은 부분을 젊은 학생들의 교육과 멘토링에 헌신했다. 유럽에서 돌아온 다음 그는 다카대학교University of Dhaka와 캘커타대학교University of Calcutta를 비롯한 다양한 연구소의 교수와 관리자가 됐으며, 이곳에서 그는 과학 교육의 질을 향상시키고자 노력했다. 보즈는 교육이 미래 세대의 물리학자와 수학자에게 힘을 넣어주는 자신의 임무를 위한 완벽한 발산처라고 생각했고, 보수파에게 얽매여 있는 정신적 속박으로부터 과학이 국가와 개인의 자유를 위한 도구가 될 수 있다고 믿었다.

또한 보즈는 문학, 특히 벵골어 문학에 깊은 애정을 가지고 있었다. 타고르를 비롯한 작가들의 작품은 시적이면서도 철학적인 통찰을 담고 있었고, 이는 '연결'을 갈망하던 보즈의 마음에 강하게 와닿았다. 인간 감정과 사회 문제를 다루는 타고르의 글은 보즈의 세계관에 영향을 미쳤고, 그는 문학이 양자역학의 추상적 원리 못지않게 인간과 존재에 관한 복잡한 아이디어를 표현할 수 있다고 봤다. 보즈는 조용히 책을 읽는 시간을 즐겼고, 시와 철학적 에세이에서 위안과 영감을 얻었다. 가끔은 자신이 아끼는 글을 동료와 제자들과 나누며, 과학 · 철학 · 예술 사이의 연결 고리를 함께 생각해 보도록 권했다.

이런 다차원적 접근은 보즈를 전체론적 사상가로 만들었고, 그의 연구와 개인적 삶 모두에서 이성과 창의성을 뒤섞었다. 보즈의 영향력은 과학적 발견의 기술적인 세부 사항을 넘어서 새로운 세대의 학생들이 좁은 학문적 경계를 자유롭게 깨고 새롭고 창의적인 생각을 탐구하도록 용기를 줬다. 보즈의 겸손함과 교육에 대한 헌신은 그의 제자들에게 오랫동안 깊은 인상을 남겼고, 많은 제자가 이후 각자의 자리에서 큰 영향을 미치는 인물로 성장했다.

## 지속되는 충격

보즈와 아인슈타인의 협력은 양자역학에 대한 우리의 이해를 깊게 했으며, 중대한 기술 혁신의 길을 열었다. 이들이 보즈-아인슈타인 통계와 보즈-아인슈타인 응축에 놓은 이론적 토대는 양자컴퓨터, 원자시계, 양자 센서와 같은 분야에 오랫동안 충격을 남겼다. 이 기술들은 통신, 자료 처리, 정밀 측정의 발전에 중요하며, 과학과 산업의 미래를 꾸준히 만들어 나가고 있다.

## 마무리

보즈의 삶과 연구는 호기심, 결단력, 협력의 중요성을 보여 준다. 그와 아인슈타인의 협력은 물리학에서 오랫동안 유지되던 관점에 도전했으며, 현대 과학의 가장 중요한 몇 가지 발견을 이끌어 냈다. 오늘날의 젊은 과학자들에게 보즈의 여정은 혁신이 종종 기존의 틀을 벗어난 사고와 자유로운 발언에서 나타남을 보여 준다. 또한 그의 유산은 과학적 발전이 개인의 성취뿐만 아니라 협동, 소통, 그리고 지식을 추구하는 자세를 유지하는 능력에도 기대고 있음을 상기시켜 준다.

## 데이비드 봄

# 드러나는 숨은 변수

양자역학과 철학에 대한 데이비드 봄David Bohm의 연구는 20세기 학문사에서 가장 흥미롭고 도전적인 여정 가운데 하나다. 그는 양자역학에 대한 혁신적 이론, 특히 '봄 역학Bohmian mechanics' 혹은 '숨은 변수 이론'으로 잘 알려져 있으며, 당시 지배적이던 코펜하겐 해석에 정면으로 도전한 인물이다. 봄은 과학과 철학 사이에 다리를 놓은 사상가로 의식, 대화, 그리고 현실의 깊은 본성을 탐구했고, 정치적 탄압과 학계에서의 고립 속에서도 굴하지 않으며 과학을 발전시켰다. 그의 삶은 오늘날 과학자들에게 회복탄력성, 용기, 지적 탐구의 중요성을 일깨워 준다.

### 기존 틀에 도전하기

봄이 봄 역학을 개발한 것은 현실의 본성에 대한 그의 개인적 관점과 밀접하게 연관돼 있다. 물리학의 지배적인 관점은 양자역학의 근본적 특성으로 불확정성을 받아들이지만, 봄은 그 내재적인 무작위성 개념이 마음에 들지 않았다. 그는 우주가 혼돈이 아니라 보이지 않는 질서와 구조에 의해 움직인다고 봤다. 이런 생각은 더 깊고 서로 연결된 현실이 존재한다는 그의 신념과도 맞닿아 있었다. 봄에게 명료성과 조화를 찾는 일은 단순한 과학적 탐구가 아니라, 우주 어딘가에 아직 드러나지 않은 원리가 숨어 있다는 확신을 드러내는 행위였다.

양자역학에 대한 봄의 결정론적 관점은 당시 지배적이었던 코펜하겐 해석에 대한 불만에서 비롯됐다. 그는 양자 입자가 '관찰될 때에만' 특정한 성질을 갖는다는 생각이, 우주는 본래 질서 정연하다는 자신의 믿음과 맞지 않는다고 여겼다. 봄에게 이러한 관점은 현실과 인간의 이해 사이에 단절을 의미하며, 더 통합되고 전체적인 우주관과 믿음에 상충되는 간극을 의미했다. 그는 무작위성이나 인간 관찰의 한계에 의존하지 않고 양자적 거동을 설명할 수 있는 좀 더 설득력 있는 이론이 반드시 존재한다고 확신했다.

봄은 아인슈타인과 같은 견해를 갖고 있었다. 아인슈타인도 당대의 양자역학의 확률론적 이해에 의문을 품었다. 아인슈타인은 "신은 주사위 놀이를 하지 않는다"고 말한 것으로 유명한데, 이는 코펜하겐 해석이 제안하는 무작위성에 대한 불만을 반영한 것이다. 두 사람은 우주가 반드시, 아직 밝혀지진 않았다 해도, 더 예측 가능하고 결정론적인 법칙에 의해 굴러가야만 한다는 믿음을 철학적으로 공유했다. 봄은 아인슈타인과 토론하며 숨은 변수와 결정론에 대해 더욱 확신을 갖게 됐고, 더 심오한 원리로 양자역학을 설명할 수 있다는 그의 신념은 더욱 강해졌다.

### 지적인 대립과 숨은 변수의 모습 찾기

봄의 이론은 기존 물리학계에 대한 단순한 반발이 아니었다. 그의 주장은 당시의 거장들과 깊은 논쟁을 불러일으켰고, 그 과정에서 봄은 보어, 하이젠베르크 같은 코펜하겐 해석의 대표적 인물들과 학술적으로 부딪치게 됐다. 봄은 그들의 관점에 비판적이었지만, 이 치열한 토론은 오히려 그의 논리를 더욱 세밀하게 다듬고 이론을 정교하게 발전시키는 원동력이 됐다.

가장 영향력 있는 대화 중 하나는 양자역학의 거물인 보어와의 대화였다. 일련의 토론에서 봄은 현실이 근본적으로 확률적이라는 개념에 대한 불만을 표현했다. 이에 보어는 양자역학이 현상을 설명하는 데는 숨은 변수가 필요 없고, 양자역학은 확률론에 기초한 예측 도구로서 잘 작동한다고 주장하며 코펜하겐 해석을 옹호했다. 봄은 보어를 존경했지만, 우주가 우연에 의해 지배된다는 관점은 납득할 수 없었다. 그의 눈에 양자역학은 단순한 예측이 아니라 철학적 관점을 세우는 기반을 마련해야 했기 때문이다.

다른 핵심 인물로는 봄의 숨은 변수 이론에 중요한 역할을 했던 존 벨이 있다. 벨의 대표적인 연구 성과는 그 유명한 벨 정리인데, 양자역학의 어떤 예측은 숨은 변수 이론으로는 절대로 설명할 수 없음을 보였다. 벨의 결과가 봄의 작업과 맞물리면서, 두 이론 모두 숨은 변수에 대한 관심을 집중시켰다. 벨은 현재 상태에 도전하는 봄의 용기를 칭송했고, 더 결정론적인 양자이론을 만들어 내기 위한 봄의 시도의 중요성을 알아차렸다. 벨의 정리는 훗날 물리학자들이 양자이론을 기초부터 재검토할 때 간접적으로 봄 역학에 대한 새로운 관심을 만들어 냈다.

봄의 아이디어가 회의론적 관점에 직면하긴 했으나, 그는 과학계의 거장들과 교류하면서 질서와 구조에 의해 조율되는 방식으로 양자 세계를 이해할 수 있다는 신념을 더 깊이 있게 만들었다. 이러한 토론에서 봄은 좌절하지 않았고 오히려 자신의 주장을 더욱 밀어붙였다. 이러한 과정은 그에게 이론을 완전히 세워 나가는 데 필요한 자신감과 명료함을 안겨 줬다.

### 봄의 더 넓은 철학적 영향

양자역학에 대한 봄의 결정론적 관점은 그의 더 넓은 철학적 세계관에서도 나타났다. 전체론과 상호 연결성에 관한 서양 철학에 영향을 받은 봄은 우주의 모든 부분이 깊이 연결돼 있다는 개념에 매료됐다. 아울러 양자 현상의 분명한 무작위성은 단순히 우리가 아는 것이 부족해서 그런 것이라고 여겼다. 후기 연구에서 그는 현실이 내재적 질서(숨은 내부 구조)와 외재적 질서(가시적인 것)로 이뤄지고, 모든 것은 더 큰 것의 부분으로서 연결됐다는 개념을 탐구했다.

내재적 질서와 외재적 질서의 개념은 봄의 후기 이론 연구의 핵심으로, 양자역학의 표준 이론 체계를 넘어 현실의 심오한 본성을 설명하려는 노력이었다. 여기에 요약해 보겠다.

### 내포적 질서

- 우주의 모든 것이 연결돼 있고 서로 접혀 있는 숨은 내부적 구조로, 봄의 관점에서 이 수준의 현실은 우리에게 바로 보이진 않지만 근본적이다.
- 표면에서 분리돼 있는 것처럼 보인다 하더라도 모든 것이 연결돼 있는 현실의 더 깊은 층위를 생각해 보자. 이 질서에서 입자는 (그리고, 그 외연에 의해 모든 물질은) 통합돼 더 큰 전체의 일부분이다.

### 명시적 질서

- 우리가 일상생활에서 경험하는 가시적으로 "펼쳐진" 현실로, 서로 분리돼 존재하는 것 같은 서로 다른 물체, 입자, 사건의 세계다.
- 이것은 우리가 고전물리학에서 생각하는 현실이며, 사물들이 정해진 위치와 특성을 가지며, 상호작용은 인과율에 의해 예측되는 법칙을 따른다.

봄의 이론에 따르면, 우리가 일상에서 경험하는 '외재적 질서'는 보이지 않는 '내재적 질서'가 펼쳐져 나타난 모습일 뿐이다. 다시 말해, 우주의 모든 것이 본질적으로 연결돼 있음에도 불구하고, 우리 눈에는 서로 단절되고 독립적인 것처럼 보인다는 의미다. 봄은 이 관점을 양자 현상의 설명에 적용하는 데 그치지 않고, 생명과 우주의 더 큰 차원을 이해하는 하나의 틀로 발전시켰다. 그가 제시한 전체론적 관점에서, 우리가 보는 세계는 훨씬 더 거대하고 얽혀 있는 전체의 아주 작은 일부에 불과하다.

봄이 숨은 변수의 존재를 믿은 것도 이 전체론적 시각과 맞닿아 있다. 그에게 "숨은" 부분은 단지 수학적 관점에서 정보를 모르는 것에 불과한 것이 아니라 우주의 현실 층위를 반영한 것이다. 봄의 믿음에서 이 층위는 하루만에 밝혀질 수도 있고, 우주에 대해 조화롭고 통일된 이해를 밝혀낼 수도 있었다. 봄 역학은 이러한 더 큰 비전을 향해 나아가는 하나의 단계였으며, 우주가 궁극적으로는 알아낼 수 있는 질서에 따라 움직인다는 그의 확신을 뒷받침하는 이론적 시도였다.

## 대화의 철학자

봄은 양자역학에서 이룬 업적으로 널리 알려져 있지만, 그의 지적 관심은 물리학을 훨씬 뛰어넘었다. 철학에 대한 그의 강조는 그를 많은 동료와 구별되는 위치에 서게 했다. 봄은 사고와 소통의 본성에 매료돼 있었으며, 판단하지 않는 열린 대화에 목적을 둔 대화 이론을 만들었다. 대화에 대한 그의 믿음은 어떻게 아이디어가 시간에 따라 변해 가는지, 그리고 어떻게 사람들이 깊은 집단적 탐구에 참여해 고정관념을 바꿀 수 있는지에 대한 이해에 바탕을 둔다.

의사소통 방법에 대한 봄의 개념에는 삶에 대한 철학적 접근법이 담겨 있다. 봄은 세상의, 혹은 과학, 사회, 또는 개인의 가장 심각한 문제들을 해결하려면 사람들이 의미 있는 담론에 참여할 필요가 있다고 믿었다. 이 과정에는 예단하지 않고 듣는 것, 가정에 의문을 던지는 것, 생각의 하부 구조를 탐구하는 것이 들어간다. 봄에게 있어 대화는 양자역학 탐구로 현실의 숨어 있는 설계를 드러내는 방법과 마찬가지로 진실을 드러내는 방법이었다.

봄의 시대에 살았던 인도 철학자 지두 크리슈나무르티Jiddu Krishnamurti는 그의 철학적 개념 형성에 중요한 역할을 했다. 봄과 크리슈나무르티는 깊은 인지적 결합을 공유했고, 이들은 의식, 생각, 현실의 질문을 함께 탐구했다. 이들의 오랜 대화는 인간 지식의 한계와 조건화된 사고를 넘어설 가능성을 모색한 특별한 협업이었으며, 과학과 철학이 자연스럽게 만나는 탁월한 사례로 남아 있다. 이들의 친밀했던 대화를 통해, 봄은 그가 양자 세계에 대해 갖고 있던 것과 같은 화합을 인간의 생각과 의식에도 적용할 수 있다고 믿었다. 봄에게 있어 우리가 생각하고 소통하는 방법을 이해하는 것은 물리적 우주를 이해하는 것만큼이나 중요했다.

## 고립과 추방과의 투쟁

봄은 뛰어난 업적에도 불구하고 개인적으로나 학문적으로도 큰 어려움에 부닞혔다. 매카시 시대의 반공 분위기가 그의 경력에 어두운 그림자를 드리운 것이다. 봄은 젊은 시절 공산당에 참여했던 이력 때문에 하원 비미 활동 위원회HUAC, House Un-American Activities Committee의 표적이 됐고, 1950년에는 결국 소환 조사까지 받았다. 그는 동료를 밀고하라는 요구를 거부해 체포됐고, 무죄 판결을 받았음에도 대가를 치러야 했다. 프린스턴대학교Princeton University에서 정직을 당했고, 공산주의에 연루된 과거 탓에 미국 내 어떤 대학에서도 자리 얻기가 거의 불가능해졌다.

결국 그는 미국을 떠날 수밖에 없었다. 처음에는 브라질로 건너가 상파울루대학교University of São Paulo에서 강사로 일했으며, 이후 이스라엘을 거쳐

최종적으로 영국에 정착했다. 이 기간 동안 봄은 주류 집단과는 분리됐지만, 그만큼 물리학과 철학 연구 모두에 깊이 집중할 수 있었다. 이후 런던의 버벡대학Birkbeck College에서 자리를 잡은 봄은 양자역학 연구를 이어가며 국제적인 과학자 · 철학자들과 의미 있는 대화를 지속해 나갔다.

정치적 탄압과 직업적 고립의 심리적 대가는 봄을 무섭게 압박했다. 특히 브라질에 있는 동안 그는 경력 초기에 몸담았던 과학 연구 환경과 단절된 채 외로움과 소외감에 시달려야 했다. 이러한 어려움에도 불구하고 봄은 회복탄력성을 보였으며, '내포된 질서the Implicate Order'에 대한 연구를 포함한 혁신적 논문을 계속 발표했다.

## 과학과 사회에 대한 비전

봄의 정신적 호기심은 양자역학과 의식의 영역에만 국한되지 않았다. 그는 양자역학에서 바라본 얽힘이 인간 사회에도 적용된다고 믿었다. 그는 사람들이 의미 있는 교류를 통해 갈등을 해결하고 더 나은 사회를 건설하는 세상을 꿈꿨다. 봄은 정치, 사회, 환경과 같은 세상의 많은 문제가 단편적인 사고와 현실의 자연법칙을 보지 못함에서 비롯된다고 믿었다.

이러한 비전은 자연스럽게 젊은 과학자들에게도 영향을 미쳤다. 특히 버벡대학에서 그는 영감을 주는 스승이자 멘토로 기억됐다. 봄의 독창적인 아이디어는 학생들로 하여금 양자역학의 기초를 적극적으로 탐구하고 토론하도록 자극했으며, 그의 전체론적 교육 방식은 비판적인 사고방식과 이미 구성된 패러다임에 의문을 제기하는 것의 중요성을 강조했다. 그는 학생들에게 과학의 기술적 측면을 넘어서서 자신의 연구가 사회와 인류 이해에 더 넓은 함의를 갖는지 생각해 보도록 이끌었다.

봄이 다음 세대 과학자와 사상가들에게 남긴 영향은 매우 크다. 현실의 본성에 대한 그의 통찰은 심리학, 사회과학, 교육 등 다양한 분야에서 새로운 관점을 열어 줬으며, '대화의 힘'을 믿는 그의 철학은 더 열린 방식과 협력의 정신으로 문제를 해결하려는 많은 사람에게 영감을 제공하고 있다.

## 봄의 관심

봄은 음악과 예술에서 안식과 영감을 얻었으며, 특히 클래식 음악은 그의 삶에서 중요한 비중을 차지했다. 봄은 음악 작품의 구조와 조화가 자신이 연구한 양자역학 패턴에 어떻게 반영되는지 지적하며 종종 음악과 과학의 유사성에 대해 이야기했다. 봄에게 음악은 유흥의 한 축이자 우주의 더 심오한 리듬을 이해하는 방법이었다. 음악은 봄이 휴식을 취하고 더 명료하게 생각하도록 도와주며, 그의 역동적인 과학 연구를 보조하는 창의력의 원천을 제공했다.

예술 역시 봄의 관심 분야였다. 그는 과학만으로는 포착할 수 없는 현실에 관한 진실을 예술적 표현으로 나타내는 방식에 빠져 있었다. 이러한 예술에 대한 관심은 봄이 자연, 생각, 인간의 창의력과 같은 모든 것에 연관이 있다는 폭넓은 신념을 지니고 있음을 보여 준다. 음악과 예술에 대한 그의 높이 감각은 봄에게 조화와 균형 감각을 선사했고, 그가 연구에 몰두하는 데 필요한 집중력을 갖도록 도왔다.

## 마무리

봄의 이야기는 젊은 과학자들에게 과학이 단순히 문제 해결에 그치지 않고, 우주와 그 안에서 우리가 어떤 존재인지에 대해 근본적인 질문을 던지는 작업임을 일깨워 준다. 혼자 남았을 때에도 보여 준 봄의 끈기, 새로운 아이디어에 열린 생각, 담론의 힘에 대한 믿음은 호기심, 회복탄력성, 협동의 중요성을 강조한다. 한번은 "다르게 생각하거나 인식하는 능력이 지식을 얻는 것보다 더 중요하다"고 말했듯이, 그의 유산은 우리에게 과학, 철학, 또는 삶 속에서 모든 것의 일체성을 깨닫게 하며, 어떤 장애물 앞에서도 더 깊은 진리를 향해 나아가도록 우리에게 지속적인 영감을 준다.

# PART1
# 결론

물리학계의 상징적 인물들인 아인슈타인, 파인만, 하이젠베르크, 보즈, 보어와 같은 이들의 삶을 살펴본 것들을 정리하면 서론의 질문에 대한 답은 더 명료해진다. 무엇이 이들의 생각을 과학 발전의 원동력으로 만들었을까? 이들의 다툼, 인간관계, 가치관은 그들의 발견과 이론에 얼마나 많은 영향을 줬을까? 이들에게 어려움은 그저 단순한 장애물이 아니었다. 오히려 그 어려움이야말로 새로운 발견을 향한 의지를 자극하는 불씨였고, 과학적 혁신이 방정식만이 아닌 '사람'에서 비롯된다는 사실을 보여 준다.

이러한 이론들이 태어난 맥락 속에서 인간을 이해하면, 우리는 과학 그 자체에 대해 더욱 풍부하고 오래 가는 인상을 얻는다. 이 이론들은 단지 추상적인 양자역학적 원리일 뿐만 아니라, 열정, 호기심, 결단과 함께 살아간 삶의 결실이다. 우리가 과학에 가려진 인간의 모습을 들여다볼 때, 그 발견은 새로운 깊이를 얻고, 우리에게 그 과학자들이 연구한 업적의 중요성을 진심으로 이해하고 기리도록 한다.

이 과학자들의 삶은 우리에게 과학을 배운다는 것이 단지 공식이나 개념을 암기하는 것이 아님을 일깨워 준다. 그것은 중요한 질문을 던진 사람들, 의심과 좌절을 마주친 사람들, 미지의 영역을 탐구하기로 결정한 사람들의 눈으로 세상을 바라보는 것이다.

이 거장들은 우리에게 길을 보여 줬다. 그리고 이제 우리가 그 뜻을 이어서 목표를 추구해야 한다. 결국 우주에 대한 것이든 우리 자신에 대한 것이든 가장 위대한 발견은 비판적으로 생각하고, 개방적으로 소통하며, 자신의 작업을 공개하는 이들에 의해 이뤄진다.

# PART 2

만약 누군가 혼란 없이 양자역학을 생각하거나 설명할 수 있다고 말하면,
그것은 그 사람이 양자역학을 전혀 이해하지 못했다는 뜻일 뿐이다.

머레이 겔만(Murray Gell-Mann)

# 소개

토요일이다. 오늘은 휴일이니 마음껏 늦잠을 자도 된다. 오늘을 어떻게 보낼지는 당신 몫이다. 게임을 즐길 수도 있고, TV를 켜서 최신 만화를 보거나 넷플릭스에서 애니메이션을 틀어도 좋다.

무엇을 하든, 잠시 쉬어가며 좋아하는 1인칭 슈팅 게임이나 애니메이션 속으로 빠져들어 보자. 그런데 문득 궁금해진다. 우리가 보는 캐릭터가 그렇게 매끄럽게 움직이려면 몇 프레임이나 필요할까? 게임 속 캐릭터가 한 번 움직일 때, 그 짧은 순간에 얼마나 많은 명령과 연산이 이뤄질까?

우리가 오늘날 이 모든 것을 간단히 누리고 있지만, TV와 게임의 세계는 사실 우리의 눈을 교묘하게 속인다. 빠르게 바뀌는 프레임이 흐릿한 움직임을 만들어 내고, 입체 영상을 보면 기술과 과학이 우리의 시각을 얼마나 손쉽게 속일 수 있는지 실감하게 된다.

이제 소파나 컴퓨터 의자를 살펴보고, TV와 컴퓨터를 바라보자. 만약 이 물건들이 아무리 단단하게 느껴져도 생각이나 에너지로 이뤄진 환상에 불과하다면 어떨까?

이때 당신은 이렇게 생각할 것이다. "잠깐! 나는 내 컴퓨터를 볼 수 있고, 소파를 만질 수 있고, 창밖의 꽃향기를 맡을 수도 있어. 나는 TV에서 나오는 소리가 들리고, 바삭하게 씹히는 감자칩 맛이 느껴져. 이 모든 것이 환상이라니, 대체 무슨 뜻이지?"

좋다, 손에 책을 하나 들고 있다고 상상해 보자. 그 책은 무엇으로 만들어졌을까? 아마 셀룰로스를 이루는 탄소 같은 여러 원소로 이뤄졌다고 답할 것이다. 맞다. 그리고 우리는 원소와 분자가 결국 원자로 이뤄졌다는 것도 알고 있다.

그렇다면 원자는 무엇으로 만들어졌을까? 양자물리학은 그 답을 알려준다. 바로 '아원자 입자subatomic particles'다.

그러면 아원자 입자는 무엇으로 이뤄졌을까?

정답은, 에너지다.

우리가 만지고 느끼는 이 단단한 세계는 사실 에너지가 끊임없이 '출렁이며' 만들어 내는 결과다. 눈으로 직접 볼 수는 없지만, 그런 일이 늘 일어나고 있다. 마치 게임 캐릭터의 움직임에서 각각의 프레임을 따로 구별할 수 없듯이 말이다.

요약하자면, 양자물리학은 '세계 안의 세계'이며, 그 세계에서 우리의 인식은 현실을 만들고 현실에 영향을 미친다.

언뜻 보면 공상과학소설처럼 들릴지도 모른다. 하지만 양자물리학은 현대 과학에서 가장 새롭고 혁신적인 분야다. 이 분야의 선구자들은 현실의 경계를 시험하고, 인과율과 시공간에 대한 우리의 통념에 계속 도전하고 있다. 그리고 양자물리학의 실험 결과는 당신을 충분히 혼란에 빠뜨릴 만큼 놀랍다.

이제, 경이로운 양자물리학의 세계로 들어갈 첫걸음을 내디뎌 보자.

아원자 세계의 문이 열렸다. 뛰어들 시간이다!

## 판테온 스페이스 아카데미와의 만남

우주와 물리학에 대해서 가르치고 이야기하기를 사랑하는 천문학 팬들의 모임인 판테온 스페이스Pantheon Space에 오신 것을 환영한다. 우리는 천문학과 과학 전반에 깊은 열정을 가지고 있으며, 연구를 일처럼 느끼지 않을 만큼 우주 공부를 좋아한다. 어린 시절부터 물리학, 천문학, 우주론, 천체 물리학에 빠져들어 지금까지 그 호기심을 이어 왔다.

우리는 함께 행성, 별자리, 다양한 우주 현상을 공부하며, 동시에 교육에도 많은 노력을 기울여 왔다. 판테온 스페이스 아카데미에는 학부모, 교사, 학생 등 지식을 나누고자 하는 사람들이 모여 즐겁고 기억에 남는 방식으로 각자의 연구를 공유한다.

판테온 스페이스 아카데미에서는 지식과 교육을 통해 학생들이 자부심을 기르고, 상상력을 해방해 과학에서 의미 있는 학술적 진보를 만들어 간다. 독자는 기초 물리에 대한 폭넓은 이해를 얻는 것은 물론, 미래에 대한 가능성도 느낄 수 있다.

공부는 그냥 하기 싫은 일이라고 생각하기 쉽지만, 판테온 스페이스 아카데미는 가족들이 함께 즐겁게 읽을 만한 자료를 제공하는 것에 목적을 둔다. 물리학 공부는 사실을 아는 데 그치지 않고, 친구나 가족과 새로운 대화를 나누고 상상력과 관계를 확장하는 기회를 준다.

판테온 스페이스 아카데미는 초심자를 위해 이 책을 통해 양자물리학의 신비를 풀어낼 준비를 마쳤다.

## 들어가며

이 책은 기초적인 양자물리학의 모든 것을 다룬다. 1장은 기초 지식으로 시작한다. 양자물리학에 대한 관점과 몇 가지 간단한 사고방식을 살펴보고,

과학 연구에 대해 비교적 새 장을 열어온 역사도 살펴보겠다. 2장에서는 3장에서 다룰 끌어당김의 법칙을 살펴보기 전에 빛의 신비를 논하며 입자-파동 이중성을 공략해 보겠다. 일단 우주를 단단한 물질이 아니라 에너지, 파동, 입자로 바라보는 방식에 익숙해지면, 4장에서 설명할 상대성이론을 탐구할 준비가 된 것이다. 5장, 6장, 7장은 슈뢰딩거의 역설과 양자얽힘에 숨은 복잡한 개념을 풀어내며, 여기서 다루는 아이디어들은 우리가 일상에서 사용하는 다양한 기술과도 연결된다.

양자물리학은 기술 발전에 어떤 충격을 줬을까? 7장과 8장을 읽다 보면 더 복잡한 계산을 빠르게 처리하는 컴퓨터의 가능성과, 어쩌면 시간의 흐름을 뒤집는 것처럼 보이는 효과까지도 발견하게 된다. 9장은 양자물리가 인과율에 대한 사람들의 관념을 어떻게 바꿨는지를 다루며, 10장에서는 지금까지 수행된 가장 난해한 실험을 몇 가지 소개한다.

물리학은 제대로 파고들려면 많은 시간과 노력이 필요한 학문이지만, 이 책과 함께라면 초보자도 쉽게 즐기며 여정을 시작할 수 있다.

에너지와 빛, 물질이 끊임없이 모습을 바꾸는 미시 세계 속으로 함께 들어가 보자!

# 1장
# 양자물리학의 역사

"우리는, 기억하고 싶은 것을 적어 두지 않으면
아무것도 배울 수 없다."

마르쿠스 툴리우스 키케로(Marcus Tullius Cicero)

매일 아침, 당신은 문득 잠에서 깬다. 창밖을 보면 하늘에는 태양이 떠 있고, 자동차가 집 앞을 스쳐 지나간다. 바람에 꽃과 나무가 바스락거리고, 새와 다람쥐가 수풀 사이를 오간다. 이것은 당신에게 익숙한 '살아 있는 세계'다. 자, 주말을 맞이해 당신은 절친과 캠핑을 갈 것인가? 아니면 집에 있을 것인가?

당신이 집에서 청소한다고 하자. 침실을 쓸다 보면 누구나 그렇듯이 당신도 지금 '현실'을 경험하고 있다고 생각할 것이다. 하지만 만약 그와 동시에 당신이 주말에 캠핑하러 떠난 또 다른 현실이 있다면 어떨까? 두 현실이 동시에 존재할 수 있을까? 이것은 1900년대 초, 과학자들이 원자를 연구하기 시작한 이후 양자물리학이 품어온 가장 근본적인 질문 중 하나다.

당신이 사는 세계를 점점 가까이, 더 크게 확대해 보면 모든 것이 똑같은 구성 요소 즉, 원자로 만들어져 있음을 깨닫게 될 것이다. 하지만 어떤 원인이 있어서, 이 원자는 기체, 액체, 고체라는 다른 상태에 있을 수 있다.

아마도 이 개념은 당신에게 물, 얼음, 수증기라고 하는 물의 세 가지 상태를 통해서 익숙하게 알고 있을 것이다. 어떤 상태에 있든 물은 결국 원자로 이뤄져 있으며, 원자에 더 가까이 다가갈수록 이상한 현상들이 이어지는 것을 깨닫기 시작하게 된다.

원자는 더 작은 입자로 이뤄져 있고, 이 모든 입자가 당신의 예상대로 움직이진 않는다. 그 입자 중 어떤 것은 당신이 관찰하느냐 하지 않느냐에 따라 달라지기도 한다. 또 어떤 것은 같은 공간을 공유하기도 한다. 여기서는 어떤 일들이 벌어질까? 공간과 시간, 그리고 우리가 이해하는 '현실'의 구조를 연구하는 양자물리학의 세계에 온 것을 환영한다.

양자물리학에 들어 있는 가장 기본적인 몇 가지 개념을 탐구하기 전에 우선 원자, 파동, 입자라는 아이디어가 처음 등장했던 시기부터 수십 년간 과학자들이 이뤄낸 발전 과정을 살펴보자.

## 양자 역사의 화살

양자물리학은 상대적으로 짧은 기간 동안 만들어졌지만, 그 물리학적인 뿌리는 과거에 근원을 둔다. 어쩌면 수학, 빛의 연구, 운동의 개념을 만들어낸 그리스, 인도, 아랍의 철학자와 과학자들이 그 모든 것을 시작했을 수도 있다. 역사적으로 그리스, 인도, 중국의 철학자들은 모든 것이 더 작은 물질로 이뤄져 있다고 주장했는데, 그 철학자 중 한 명인 데모크리토스Democritos는 그것을 '원자atom'라고 불렀다. 시간이 흘러 이 학자들의 연구는 다른 언어로 번역됐고, 갈릴레오Galileo나 레오나르도 다 빈치Leonardo da Vinci 같은 이들이 과학에 깊은 관심을 보이기 시작했다.

마침내 현대 과학의 아버지라고도 하는 아이작 뉴턴Sir Isaac Newton이 중력, 시간, 빛에 대한 정식 이론을 만들기 시작했다. 자연 철학자와 수학자로서,

뉴턴은 자연계에 존재하지만 보이지 않는 힘을 처음으로 생각하기 시작했다. 그리고 뉴턴은 사과가 떨어지는 것을 본 장면에서 영감을 얻어 우리가 당연하게 여기는 수많은 과학 개념을 발전시켰다.

1600년대로 돌아가 보면 자연계에 대해 지금처럼 많은 정보를 주는 기술은 없지만, 뉴턴은 꽤 오래된 지식을 바탕으로 우리가 "고전역학Classical mechanics"이라고 부르는 과학적 개념에 대해 정식화하고 이론을 만들었다. 뉴턴 이후로, 드미트리 멘델레예프Dmitri Mendeleev와 같은 화학자가 주기율표를 만들고, 로버트 브라운Robert Brown 같은 식물학자가 원자의 증거를 찾아내는 등 또 다른 중요한 과학적 발견이 이뤄졌다.

하지만 고전역학은 수백 년 동안 뛰어난 성과를 보였음에도 시간이 흐르면서 점점 한계가 드러나기 시작했다. 고전역학에 대한 본격적인 도전은 복사광, 원자, 전자의 발견에서 비롯됐고, 이는 결국 양자물리학이라는 새로운 세계로 이어지게 됐다.

## 무대 세우기

요즘 우리는 휴대폰을 더 많이 쓰다 보니 라디오에 대해서는 많이 고려하지 않는다. 하지만 라디오 전파는 여전히 과학 연구의 기본이고, 인터넷이 만들어지기 전에는 오랫동안 장거리 통신에서 중요한 역할을 했다. 제임스 클러크 맥스웰James Clerk Maxwell은 전류가 흐르는 방식에 관한 자신의 이론에서 영감을 얻어 전자기학도 연구했는데, 이 연구는 라디오 발명에 중요한 역할을 했다. 전자기학 연구를 하면서 맥스웰은 1861년에 분자를 둘러싼 '에테르ether'[1]라는 것에 대해 논했는데, 이 주장은 지금은 틀린 것으로 밝

1 에테르는 전자기파를 전달하는 공간의 물질로, 현재는 그 존재가 부정됐다. – 옮긴이

혀졌지만, 전기와 같은 현상이 무엇의 영향을 받는지를 깊이 탐구하는 계기가 됐다.

1800년대 후반, 호기심 많은 과학자 퀴리 부부가 방사선에 관한 심도 있는 실험을 시작했다. 마리 퀴리Marie Curie와 피에르 퀴리Pierre Curie는 어떻게 그리고 왜 방사선이 방출되는지 밝혀내는 연구를 했다. 그들은 원소의 가장 근본적인 성질을 알고자 했고, 이 연구에 이어 맥스웰 같은 과학자들의 탐구가 더해지면서 물리학에 대한 관심은 점점 더 커졌다. 그 결과, 세상이 원자와 같은 입자와 파동으로 이뤄졌다는 사실이 드러났지만, 이 이론 속에는 아직 더 많은 가능성이 숨어 있었다.

그 이야기에 들어가기 전에, 1900년대 초 J. J. 톰슨Sir Joseph John Thomson은 전자를 발견했다. 그는 켈빈 경Lord Kelvin과 함께 원자가 더 작은 성분들이 뒤섞여 있는 구체 같은 모습이라고 주장했고, 사람들은 이를 "건포도 푸딩 모형"이라 불렀다. 과일 케이크처럼 안에 여러 조각이 섞여 있는 모습으로 상상하면 된다. 이는 당시에는 꽤 그럴듯했지만, 원자가 단순히 작은 성분들이 뒤섞인 공이라는 설명만으로는 점점 부족함이 드러났다.

플랑크나 아인슈타인 같은 다른 과학자들은 그 즉시 문제를 풀어봤다. 먼저 플랑크가 복사선radiation에 의한 문제를 살펴보기 시작했으며, 그 안에서 열 복사선에 관한 문제를 풀다가 "플랑크 상수"로 유명한 공식을 만들었다. 그와 동시에 플랑크는 자신이 분석하던 흑체 복사의 빛이 입자일 뿐만 아니라 파동이라고 제안했다. 결과적으로 플랑크는 양자이론의 아버지라 여겨진다.

반면 아인슈타인은 빛을 살펴봤다. 오랫동안 빛은 파동이라고 간주됐는데, 아인슈타인의 실험과 관찰은 광파가 입자처럼 행동함을 증명했다. 아인슈타인은 고주파 빛을 연구하며 실험 결과를 설명하기 위해 '양자(quantum)'

라는 단어를 사용했다. 물리학에서 '양자'라는 용어가 처음 등장한 순간이었다. 하지만 아인슈타인과 동료 과학자들 앞에는 여전히 헤쳐 나가야 할 무수한 질문과 과제가 남아 있었다.

## 과학의 한계 부수기

먼저 아인슈타인을 비롯한 많은 과학자는 빛의 입자가 파동처럼 행동하고 광파가 입자처럼 움직인다는 개념과 싸웠다. 1905년 이후 아인슈타인은 광전 효과, 원자의 브라운 운동에서 나타나는 관찰자의 영향, 현실적인 원자 모형, 그리고 상대성이론까지 오늘날 물리학의 핵심을 이루는 혁신적인 아이디어를 제시하고 검증해 나갔다. 이렇게 들으면 엄청난 연구량처럼 느껴지겠지만, 그 시절만 해도 양자물리학이 다루는 아원자 세계는 제대로 이해되지 않은 미지의 영역이었다.

'원자'라고 하면 독자는 아마 다른 공들이 그 주변을 도는 더 작은 공으로 만들어진 어떤 공을 상상할 것이다. 핵을 중심으로 전자가 궤도를 돈다는 이미지는 1909년 러더퍼드가 처음 제안한 것이다. 발표 이후 오랫동안 우리는 원자를 그런 식으로 상상해 왔다. 하지만 보어가 1913년에 그 개념에 몇 가지 문제가 있음을 지적했다. 보어가 원자 스펙트럼을 연구한 결과에 따르면, 러더퍼드의 모형대로라면 전자는 에너지를 잃으며 궤도를 유지하지 못하고 결국 핵으로 떨어져야 했다. 전자가 궤도를 유지하려면 '다른 무언가'가 필요했는데, 그 실마리가 바로 아인슈타인의 양자이론과 플랑크의 연구에 있었다.

이 세 과학자의 연구 덕분에 전자가 에너지를 잃지 않고 다른 위치로 이동하며 궤도를 바꾼다는 설명이 힘을 얻게 됐다. 이를 "작용 양자quantum of action"라고 하는데, 아마도 우리가 '양자'라는 단어를 물리학과 관련해 사용하기 시작한 시점일 것이다.

하지만 플랑크, 보어, 아인슈타인의 연구는 그다음에 나올 내용의 서막에 불과했다. 이 시기의 연구는 '고전 양자론'이라 부르고, 그 뒤를 잇는 새로운 발견들은 '새로운 양자론'이라 부른다. 우리는 과학자들이 이 변화에 들떠 있었을 것이라 상상하지만, 정작 보어와 아인슈타인은 자신들이 마주한 충격적인 진실을 완전히 받아들이는 데 어려움을 겪었다. 그 이유를 이제 살펴보자.

## "새로운" 양자이론

뉴턴의 고전역학을 내려놓는 일은 쉽지 않았고 플랑크, 보어, 아인슈타인의 연구를 바탕으로 등장한 급진적이고 새로운 아이디어들을 받아들이는 일은 더욱 어려웠다. 만약 입자와 파동이 하나이고 같은 것이라면? 만약 두 입자가 같은 공간을 동시에 점유할 수 있다면? 만약 보는 것만으로도 세상이 바뀐다면? 이 모든 질문은 기존 과학의 개념과 방법론 자체에 대한 근본적인 도전이었다.

슈뢰딩거는 이런 수수께끼들을 두려워하지 않았다. 그는 루이 드 브로이 Louis de Broglie의 연구를 받아들였고, 그 과정에서 유명한 '슈뢰딩거의 고양이' 역설을 제시했다. 이 연구를 바탕으로 슈뢰딩거는 파동함수를 다루는 슈뢰딩거 방정식을 정식화해 전자의 행동을 이해하는 데 큰 역할을 했다. 동시에 그는 모든 물질이 입자이면서 파동이라는 대담한 생각을 지지했다. 이 아이디어가 중요하게 받아들여지면서, 물리학자들은 '입자-파동 이중성'을 둘러싼 본격적인 논의를 시작하게 됐다.

1927년 솔베이 학회에서 아인슈타인, 보어, 슈뢰딩거, 하이젠베르크, 마리 퀴리를 포함한 스물아홉 명의 과학자는 자신들이 알아낸 것에 대해 논의하고자 모였다. 이들은 오늘날 우리가 '양자이론'이라 부르는 분야의 기초를 이루는 핵심 문제를 놓고 열띤 의견을 주고받았다. 물론 서로 모두 동의한 것은 아니었다. 특히 보어와 아인슈타인은 하이젠베르크의 불확정성 원리와 양자론이 실제로 물리학을 설명하는 데 타당한지 여부를 두고 치열하게 논쟁했다. 논쟁은 보어 쪽이 우세해 보였지만, 이 토론은 양자이론을 완전히 이해하는 데 아직 갈 길이 멀다는 사실을 보여 주는 상징적인 사건이었다.

솔베이 학회에 참석한 과학자들 중 하나인 디랙은 이미 양자역학에 자신만의 기여를 하고 있었다. 그는 1926년에 빛의 양자이론을 세웠고, 1928년에는 상대성을 포함한 새로운 양자이론을 발표했다. 이 이론에는 반물질 antimatter에 대한 예측까지 들어 있었고, 이는 1932년 칼 데이비드 앤더슨이 실제로 발견하면서 증명됐다.

1930년 이후, 수많은 과학자가 양자이론의 끝을 탐구하기 위해 힘을 합쳤다. 많은 과학자는 자신만의 가설을 갖고 양자역학을 연구했다. 예를 들어 봄은 드 브로이, 슈뢰딩거, 디랙의 연구에 기반해 다른 과학자들과 함께 또 다른 양자역학의 이론 틀을 개발했다. 1940년대 후반, 파인만, 줄리안 슈윙거 Julian Schwinger, 도모나가 신이치로 Tomonaga Shinichiro는 디랙의 이론에서 나오는 불일치를 설명하기 위해 양자전기역학의 완전한 이론을 정식화했다. 계산량만 봐도 엄청난 학문처럼 보이겠지만, 이러한 시도가 바로 '양자역학'이라는 세계의 핵심을 이루며, 당신의 호기심을 자극하는 지점이기도 하다.

## 오늘날의 양자역학

1900년대 초 있었던 초창기 혁신 이후 양자역학의 세계는 확장돼 초전도체 내부 광자의 공존이나 2012년 CERN의 대형 하드론 충돌 장치LHC, Large Hadron Collider에서 확인한 힉스 보손Higgs Boson 입자의 존재처럼, 올바른 가설을 찾는 데 집중됐다. 여전히 이 분야는 과학적 탐구와 관찰의 영역을 넘어 확장되고 있다.

많은 과학자가 세상이 어떻게 작동하는지를 밝히는 데 관심을 두는 반면, 또 다른 연구자들은 양자역학의 지식을 기술에 적용하기 시작했다. 이론이 실제 기술로 이어지기까지는 시간이 걸렸지만, 양자물리학을 바탕으로 다양한 응용 분야가 등장했다. 일례로 1960년대 시어도어 메이먼Theodore Maiman은 다른 과학자들의 연구 결과를 사용해 세계 최초의 레이저LASER를 만들어 낼 수 있었다. 2009년 아론 오코넬Aaron D. O'Connell은 첫 번째 양자 기계를 개발했고, 2014년에는 두 입자 사이에서 정보를 성공적으로 원격 전송하는 데 성공해 양자인터넷과 양자 정보 공유 기술에 한 걸음 더 다가갔다. 이 책 후반부에서는 더 빨라진 컴퓨터, 해킹하기가 더 어려워진 암호와 같이 양자 세계가 가져올 기술적 진보를 더 자세히 살펴보겠다.

많은 사람은 양자물리학자를 현대의 철학자라고 부르기도 한다. 양자역학에 대한 이해가 깊어질수록 이론물리학뿐 아니라 여러 기술 분야에 영향을 미치고 인과관계, 시간의 흐름, 물질의 단단함처럼 우리가 익숙하게 여겨온 개념들까지 변화시킬 수 있기 때문이다. 어쩌면 언젠가 양자역학은 생각이 현실에 얼마나 영향을 미칠 수 있는지까지 밝혀낼지도 모른다!

# 2장
# 무엇이 양자물리학일까?

"내 생각에, 양자역학을 정말로 이해한 사람은
아무도 없다고 확실히 말할 수 있다."
리처드 파인만(Richard Feynman)

따뜻한 여름날, 주말 캠핑을 떠나기 딱 좋은 날씨다. 휴가의 시작을 기념해 우리가 기대하던 도시 야구팀의 경기를 보러 왔다. 투수의 머리 위로 태양이 뜨겁게 내리쬐고, 관중석은 야구팬들과 가족들로 가득 찼다. 오늘은 야구 시즌의 개막일이다. 지금까지 경기는 치열하게 이어지고 있지만, 홈 팀은 3점 뒤처져 있다.

말도 안 되는 이야기 같겠지만, 이제 당신이 다음 타자라고 상상해 보자. 주자는 만루, 팀이 이기려면 확실한 한 방이 필요한 상황이다. 당신은 타석에 서서 방망이를 움켜쥔다.

투수가 공을 던지는 순간, 공이 당신을 향해 빠르게 날아온다. 그리고 당신이 방망이를 휘두르는 찰나, 우주는 둘로 갈라진다. 당신은 그 갈라짐을 보지 못하겠지만, 단 1나노초[1] 사이에 두 세계가 생긴다. 하나는 당신이 공을

1 1나노초(nanosecond)는 10억 분의 1초다. – 옮긴이

완벽하게 쳐서 홈런을 만드는 세계, 다른 하나는 헛스윙으로 삼진아웃되는 세계다.

거기서부터 우주는 계속해서 나눠진다. 우리는 각각의 가능성을 다른 색으로 칠해서 그 모든 가능성이 거대한 나무의 나뭇가지들처럼 어떻게 나눠져 가는지 볼 수 있다. 당신이 이긴 세계를 녹색으로 칠해 보자. 그 세계에서 당신은 승리 파티에 갈 수도 있고(파란색), 집으로 돌아가 가족과 축하할 수도 있다(보라색). 반대로 진 세계에서는 집에서 혼자 아쉬움에 빠져 있을 수도 있고(노란색), 코치와 새로운 전략을 논의할 수도 있다(주황색).

나무의 몸통에서 가지가 올라오고, 가지에서 잔가지가 돋아 나오는 것처럼 양자 세계 입자의 가능성은 무지막지하게 많은 가능성과 많은 세계를 생산한다. 이것이 알려지자 몇몇 과학자는 양자물리학이 다세계 해석, 또는 멀티버스multiverse라는 개념을 지지한다고 주장했다. 양자물리학은 실제로 무엇에 대한 이야기일까?

## 정의

멀티버스라는 잠재적 현실은 다소 황당하게 들릴 수 있지만, 1장에서 살펴봤듯 양자물리학은 아원자 수준에서 일어나는 신기하고 비직관적인 현상들을 보여 준다. 우리는 이미 1장에서 양자물리학이 어떻게 등장했는지 살펴봤고, 그 과정에서 양자물리학의 기본 개념도 익혔다. 시간이 흐르면서 우주의 근본을 밝히는 새로운 발견들이 이어졌고, 지금 우리가 '물리학'이라고 부르는 거대한 연구 분야가 만들어졌다. 오늘날에는 천체물리학자, 이론물리학자, 양자물리학자처럼 우리 세계의 다양한 측면을 탐구하는 여러 종류의 물리학자가 존재한다.

요약하자면 물리학이란 우리 세계의 작동 방식을 설명한다. 물리학은 중력이나 열역학처럼 눈에 보이지 않는 힘을 살펴보고, 자연의 법칙을 정의하고 이해하기 위해 패턴을 관찰하고 분석하는 방법이며, 모든 것이 어울려 작동하는 방법에 대한 이론을 구축하는 기반을 제공한다. 거시 세계와 미시 세계에 대한 과학적 연구는 자연 현상을 설명하거나 예측하는 데 도움을 줄 수 있다. 그중에서도 양자물리학은 기존의 한계를 뛰어넘어 훨씬 더 깊은 세계로 지식을 확장한다.

우리 주변의 거대한 우주를 바라보기 위해 망원경을 사용하는 대신, 양자물리학자들은 우리 주변의 세상을 구성하고 있는 물질을 이루는 원자의 내부를 들여다보기 위해 강력한 기술을 사용한다. 원자와 아원자 수준에서 입자들이 어떻게 상호작용하는지 분석하는 것이다. 이 덕분에 양자물리학은 이론물리학, 화학, 생물학 등 여러 과학 분야가 기초를 이해하는 방식을 더욱 발전시키고 있다.

양자물리학은 과학자들이 양자 수준에서 입자의 거동을 알아낼 수 있도록 도와주는 수학적 이론 체계를 제공한다. 보어, 하이젠베르크, 슈뢰딩거 같은 과학자들이 양자역학의 발전을 이끌었고, 그들은 입자나 입자 집단의 위치와 속도가 시간에 따라 어떻게 변하는지 규명해 냈다. 하지만 양자물리학을 완성하려면 아직 갈 길이 멀다.

한 예로, 당신은 조각 퍼즐을 풀기 전에 이런 방법을 생각해 봤을 것이다. 모든 조각을 한 번에 다 부어 놓고, 색깔별로 정리해서 가장자리부터 맞추는 데 집중하는 것이다. 우리는 퍼즐 조각 하나를 들고 있으면, 더 큰 그림을 완성하기 위해 어떤 조각을 찾아야 하는지 자연스럽게 알게 된다.

양자역학 역시 마찬가지다. 이는 더 큰 이론을 만들기 위해 여러 과학 이론을 맞춰 나가는 작업이라고 할 수 있다. 이 퍼즐에는 네 개의 큰 조각이 있다고 상상할 수 있다. 물리학자들은 지금까지 그중 세 개(전자기력, 강한 핵력, 약한 핵력)를 성공적으로 맞춰 왔다. 여기서 전자기력은 원자가 서로 붙어 있는 이유를 설명하고, 강한 핵력은 원자를 안정적으로 유지하며, 약한 핵력은 방사성 붕괴가 일어나는 이유를 알려준다.

마지막 네 번째 조각은 여전히 수수께끼로 남아 있는 '중력'이다. 비록 많은 물리학자가 중력의 작동 방식은 알고 있지만, 우리가 지금 알고 있는 양자물리학과 잘 작동하도록 포함시키는 방법은 명쾌하게 이해하지 못하고 있다. 이는 성배와 마찬가지로, 지금까지의 양자물리학자들에게는 불가능한 과업처럼 보인다. 이 이론은 "모든 것의 이론the theory of everything"이라고도 부르며, 많은 물리학자가 추구해 왔다.

하지만 이 이론이 실제로 완성 가능한지조차 의문이라는 의견도 있다. 영국의 이론물리학자 스티븐 호킹Stephen Hawking은 우리가 현실을 해석하고 설명하는 방식 자체가 우리를 제한하기 때문에, '모든 것의 이론'을 완전히 이해하는 것은 불가능하다고 봤다. 양자물리학은 분석하기 어려울 뿐 아니라, 우리가 익숙하게 사용해 온 다른 현실 이해 방식과도 쉽게 결합되지 않는다. 심지어 아인슈타인조차 양자물리학 특유의 '객관적 자료 부족'을 온전히 받아들이기 어려워했다. 그는 동료 물리학자 막스 보른Max Born에게 보낸 편지에서, 양자얽힘을 "섬찟한 원격 작용"이라고 표현하기도 했다(Valdano, 2017).

그럼에도 양자물리학자들은 포기하지 않고, 오늘날에도 여전히 명확하게 설명되지 않는 여러 관찰 결과에 대해 중요한 질문을 던지고 있다. 왜 입자는 파동으로 변했다가 관찰되면 입자가 될까? 왜 입자-파동은 다른 입자-파동과 같은 시공간을 점유할 수 있을까? 왜 어떤 입자들은 엄청 멀리 떨어져 있어도 서로 영향을 미칠까? 중력은 입자의 거동에 어떤 역할을 할까? 이 모든 질문은 여전히 논쟁 중이다.

## 양자물리학의 다섯 가지 기초

양자물리학에 아직 밝혀지지 않은 부분이 남아 있더라도, 양자물리학자들이 확실히 알고 있는 사실들도 있다. 이것들은 양자물리학의 근본을 더 깊이 이해하려 할 때 반드시 염두에 둬야 할 중요한 요소들이다.

### 첫째: 우주는 입자-파동으로 만들어졌다

여름에 연못에 뛰어들 때와 겨울에 얼어붙은 연못 위로 뛰어들 때의 경험은 완전히 다르다. 여름에는 물속으로 뛰어들면 위로 떠오르기 전에 잠시 바닥 쪽으로 가라앉고, 우리 주변으로 물결이 사방으로 퍼져 나간다. 겨울에는 연못이 딱딱하게 얼어 있어, 뛰어들기보다는 미끄러지고 말 것이다. 물은 액체에서 고체로 상태만 바뀌었을 뿐이다. 우리가 아는 한, 물질은 고체, 액체, 기체라는 세 가지 상태 사이에서 서로 다른 방식으로 상호작용한다. 그런데 양자 세계에서는 이 모든 것이 전혀 다르게 보이기 시작한다.

명심해야 할 가장 중요한 개념은 우리가 단단한 물질의 세계에서 살고 있다고 하더라도, 물질은 우리가 항상 상상해 오던 점입자로 만들어지지 않았음을 깨닫는 것이다. 그 대신, 입자는 관찰되지 않을 때는 파동으로 변한다. 결국 많은 양자물리학자는 우주의 기본 요소가 입자와 파동의 성질을 모두 갖고 있는 새로운 종류의 물질이라고 말한다. 양자물리학자들이 힉스 보손[2]을 찾아냈을 때, 이들은 이것을 입자라고 말했지만, 그와 동시에 '장field'이기도 했다. 그 입자는 아원자 공간의 파동이나 구름처럼 어떤 범위에 퍼져 있다. 이런 상황을 상상하기 쉽지는 않기에, 3장에서 이 내용을 좀 더 자세히 다뤄 보겠다.

2 입자물리학의 표준모형에 따르면 우주의 모든 입자에 질량을 부여하는 입자로, 1964년 영국 물리학자 피터 힉스(Peter W. Higgs)가 이론적으로 예측했다. – 옮긴이

### 둘째: 측정은 항상 정확하고 불연속적이다

마술사가 모자에서 토끼를 꺼내고 허공에서 장미를 만드는 모습을 보면 마법처럼 보일 때가 있다. 하지만 대부분의 사람은 그 환상이 어떻게 만들어지는지 알 수 있다. 마술 쇼를 보는 동안은 충분히 즐기지만, 막이 내리고 나면 마술사는 관객의 시선을 끌고 무대를 장악하는 기술에 능숙한 사람일 뿐, 실제로 허공에서 토끼를 만들어 낸 것은 아니라는 점에 모두 동의할 것이다. 양자물리학도 이와 비슷하다.

양자물리학에 대해 이야기하는 많은 사람은 저절로 마법 같은 일이 벌어지는 것처럼 말한다. 하지만 이런 아원자 세계의 변화를 설명하는 양자물리학은 대체로 정수로 떨어지도록 불연속적인 수학적 이론 틀로 설명할 수 있다. 만약 내가 '파이pi'라는 단어를 말한다면, 사과파이 같은 디저트를 연상할 수도 있겠지만, $\pi$라는 수학 기호를 생각할 수도 있다. $\pi$는 3.14라는 소수점 아래로 수백만 자리까지 끝없이 이어지는 수다. 양자역학에서 공식은 단지 원주율 같이 끝없이 이어지는 수를 곱하는 것이 아니라, 이 수들을 매우 정확하게 측정해 원자시계를 효율적으로 작동시킨다.

양자역학이 우리에게 놀라움을 주는 방식들을 살펴보다 보면, 이 분야가 사실은 정확한 측정과 복잡한 계산에 기반하고 있다는 사실을 잊기 쉽다. 양자물리학은 무작위성, 확률, 불확정성과 자주 연결되지만, 실제 연구의 대부분은 매우 엄밀한 수학적 접근을 필요로 한다.

### 셋째: 무작위성을 예측하라

공을 공중으로 던지면 어떤 일이 일어날까? 땅으로 다시 떨어질 것이다. 던지는 힘이나 방향에 따라 떨어지는 데 걸리는 시간이 조금 다를 뿐이다. 시간이 지나면 우리는 공이 중력 법칙을 따라 움직일 가능성이 매우 높다는 사실을 자연스럽게 이해하게 된다. 과학의 목적은 바로 이런 '어떤 일이 일어날 가능성'을 규명하는 데 있다. 이를 위해 과학자들은 가설을 만들고 시험하며 자연 현상에서 패턴을 찾아낸다. 이것은 질서와 이해를 가져오려는 의도로, 우리 주변의 자연 세계에서 어떤 일들이 발생하는지 더 잘 예측할 수 있게 된다. 반복적으로 재현될 수 있는 객관적 자료는 무언가의 가능성을 밝혀내는 실험을 계속할 수 있게 해 주므로 더욱 중요하다. 허나 양자물리학은 다르다.

관찰자가 실험 결과를 바꿀 수 있다고 하는 양자물리학의 관찰자 효과와 같은 다양한 요소에 의해서 양자물리학은 항상 무작위적인 확률성을 가진다. 물질의 질량이 파동이나 입자로 나타날 것인가? 때로는 이것이 분명하지 않다. $\Psi$(그리스 문자 '프사이Psi') 기호로 파동함수를 나타내는데, 이 공식들은 특정한 양자 물체나 실재하지만 정량화할 수 없는 양자이론의 미지수들을 파악하려고 한다. 물질이 모든 상태에 동시에 있을 수 있는지 아니면 알려지지 않은 상태 중 하나에 있는지 알아내려는 시도는 여전히 조사와 논쟁의 대상이다. 이 신비가 풀릴 때까지, 양자물리학은 강한 불확정성과 확률적 요소를 가진다.

### 넷째: 섬찟한 원격 작용이 일어날 것이다

여러분은 몇 분 전에 누군가 그것들을 어떻게 불렀는지 기억하는가? 만약 당신이 좋아하는 음악 목록을 듣고 있는데 특정한 곡을 듣고 싶다고 혼잣말을 했더니 바로 다음에 그 곡이 이어진다면? 이런 종류의 연결은 마법적이거나 섬찟한 느낌이 들지만, 이는 단순히 우연의 일치일 뿐이다. 하지만 양자물리학의 세계에서는 얽힌 입자 쌍은 아무리 멀리 떨어져 있더라도 그렇게 먼 거리를 뛰어넘어 연결돼 있는 것처럼 보인다.

양자얽힘은 아인슈타인을 포함해 많은 물리학자의 관심과 논쟁을 불러일으킨 주제였다. 아인슈타인은 이 현상을 설명하기 위해 '숨은 변수hidden variable'가 있을 것이라고 주장했지만, 양자얽힘이 관찰로 명확히 증명된 반면 숨은 변수 이론은 그렇지 않았다. 1960년대 후반에 진행된 여러 실험은 이런 현상 뒤에 다른 숨겨진 이유가 있을 가능성을 사실상 부정했다.

이 섬찟한 양자 세계의 이야기와 관련된 더 자세한 내용은 6장에서 살펴보게 될 것이다.

### 다섯째: 양자 현상은 대체로 미세하다

아침에 일어났을 때의 장면으로 돌아가 보자. 칫솔질, 샤워, 아침 식사처럼 우리가 매일 하는 일상적인 행동들은 모두 실질적인 상호작용이다. 우리가 운전하는 자동차나 사용하는 컴퓨터는 과학과 기술이 결합한 결과지만, 그렇다고 해서 양자얽힘이나 파동함수가 일상에서 동시에 드러나는 것은 아니다. 칫솔에 치약을 짜거나 음식을 먹는 순간, 우리는 세상과 상호작용하고 있지만 치약이 칫솔과 '같은 시공간을 겹쳐 쓴다'거나 하는 일은 절대 일어나지 않는다. 대부분이 양자 현상은 극도로 미세한 수준에서만 나타나기 때문이다.

그렇다면 왜 파동 같은 거동이 거시적 세계에서는 보이지 않을까? 이 질문은 여전히 과학자들이 풀고자 하는 신비 중 하나다. 명백히 입자인 물질이 파동처럼 행동하거나, 그 반대의 현상이 나타나는 것은 원자나 아원자 수준에서만 확인된다. 더 큰 분자에서 이러한 파동적 거동을 관찰하는 일은 아직도 해결해야 할 과제다.

물리학자들은 우리의 오감을 통해 느끼는 세계를 이루는 파동을 관찰하기 위해 빛과 거울 같은 도구를 사용한다. 하지만 이 문제에 대한 명확한 답은 아직 나오지 않았다. 이 역시 계속 탐구해야 할 중요한 질문 가운데 하나다.

## 양자의 신비 풀어내기

야구 경기 상황으로 다시 돌아가 보자. 당신은 아마도 다른 '대체 현실'에서는 어떤 일이 벌어졌을지 궁금할 것이다. 그 현실들은 각각 자신만의 궤적을 따라 계속 이어질까? 아니면 아주 잠깐 스쳐 지나가듯 존재했다가 사라지는 것일까? 또, 이 모든 대체 현실이 우주를 이루는 입자들의 영향을 받는다면, 과연 그 수없이 많은 현실을 유지하기에 에너지가 충분할까? 양자 수준에서는 실제로 무엇이 일어나고 있는 것일까?

이 질문들에는 아직 명확한 답이 없다. 여전히 연구와 논쟁이 계속되고 있고, 양자물리학이라는 이론 자체도 완전히 굳어졌다고 말하기는 어렵다. 그럼에도 지금까지 양자물리학이 밝혀낸 사실들과 앞으로 드러날 새로운 발견을 떠올려 보면, 이 세계를 탐구한다는 것 자체가 무척 흥미진진한 일이다.

이제 더 깊은 내용으로 들어가기 전에, 먼저 기초부터 조금 더 차분히 살펴보자.

# 3장
# 입자-파동 이중성의 신비로움

"우주는 우리가 생각하는 것보다 이상할 뿐만 아니라,
우리가 생각할 수 있는 것보다 더 이상하다."

베르너 하이젠베르크(Werner Heisenberg)

여러분이 작은 호숫가에 서 있다고 가정하자. 먼저 돌을 하나 집어 던져서 그 돌이 물을 스쳐 지나가도록 해 보자. 이렇게 맑고 바람도 없는 날, 물결이 만들어지는 원인은 돌뿐이다. 돌을 던지면 깊은 호수 속으로 가라앉고, 물결은 퍼져 나간다.

그런데 양자 세계에서는, 손에 든 돌과 물결이 마치 같은 성질을 가진 것처럼 행동하는 전혀 다른 현실이 펼쳐진다. 우리가 사는 세계에서는 이런 상황이 상상이 잘 안되지만, 양자 수준에서는 이것이 실제로 일어난다. 기본적으로 양자 세계는 "둘 중 하나"로 설명할 수 없고, "두 가지가 동시에 존재한다"라고 해야 맞다. 시간과 공간을 관찰할 때조차 입자가 나타나는 순간부터 모든 것이 조금 이상해지기 시작한다.

이런 이상한 아원자적 현상을 입자-파동 이중성 '문제'라고 한다. 입자-파동 이중성은 양자물리학을 통해 밝혀진 어떤 특징을 나타내는데, 다시 말해 미시적인 물질은 입자와 파동의 특성을 둘 다 동시에 갖는다는 것이다.

이 발견은 1900년대 초, 물질이 어떻게 행동하는지에 대한 오랜 고정관념을 단숨에 바꿔 버렸다. 초창기 양자물리학자들 대다수는 쉽게 받아들이지 못했지만, 오늘날에는 더 많은 실험, 연구, 분석을 통해 입자-파동 이중성의 실체가 증명됐다. 이제 물질이 원자와 아원자 수준에서 실제로 어떻게 움직이는지 더 가까이 들여다보자.

## 입자와 파동

'파동'이라고 하면 무엇이 떠오르는가? 대부분의 사람은 파동이라고 하면 위아래로 출렁이는 롤러코스터처럼 생긴 모양을 상상할 것이다. 혹은 소리 파동이나 수면 위의 물결처럼, 서서히 퍼져 나가다 사그라드는 모습을 상상할 수도 있다. 반면, 손에 들린 돌은 단단하고 형태가 뚜렷하다. 둥글거나, 평평하거나, 뾰족할 수는 있지만, 그 돌이 모래알처럼 작든 산처럼 크든 하나의 물체로서 크기와 무게가 명확히 정해져 있다. 1900년대에 이르기까지 대부분의 과학자는 세상의 모든 물질이 빛 또는 입자 중 하나로만 이뤄져 있다고 믿었다.

우선 파동은 호수 표면의 물결처럼 둥글게 퍼져 나간다. 빛과 같은 파동은 사라지기까지 아주 먼 거리까지 이동할 수 있지만, 음파는 공기 속 원자들에 의해 전달되기 때문에 매우 큰 소리가 아니라면 금세 약해진다.

입자는 어떨까? 돌과 같은 입자는 모양이 정해져 있다. 러더퍼드의 원자 모형을 보자. 이 모형에서는 전자electron라는 작은 공들이 핵nucleus이라는 더 작은 공 주변을 돌고 있다. 핵은 더 작은 입자들이 뭉쳐서 만들어진 것이며, 전자, 중성자, 양성자는 원자를 구성하는 입자다. 이 입자들은 매우 작아서, 평범한 현미경으로는 볼 수가 없다. 그래서 과학자들은 '입자는 아무리 작아도 파동처럼 행동하지는 않을 것'이라고 생각했다.

## 빛의 신비

뉴턴과 후배 과학자들은 1600년대에서 1900년대 사이에 빛과 물질에 대해 무수한 아이디어를 제시했고, 모든 사람이 빛은 파동으로 이뤄진다고 믿었다. 하지만 플랑크, 아인슈타인, 드 브로이, 콤프턴, 보어는 다른 아이디어를 가져왔다. 빛은 파동이면서 동시에 입자라는 것이다. 이 생각은 당시 과학계의 상식을 완전히 뒤흔들었다.

판에 작은 구멍 두 개를 나란히 뚫었다고 상상해 보자. 영국의 물리학자 토마스 영Thomas Young은 이 두 구멍을 통과한 빛을 멀리 있는 벽에 비추면, 파동이 서로 겹쳐 만들어지는 간섭무늬가 보인다는 사실을 밝혀냈다. 마치 호숫가에서 돌 두 개를 가까이 던지면 물결이 서로 겹치거나 상쇄되는 것처럼, 빛에서도 같은 일이 나타난 것이다. 이 결과만 보면 빛은 파동이라고 말할 수 있다. 정말 그럴까?

1909년, 제프리 테일러Geoffrey Taylor는 이 실험을 다시 수행하면서 그 과정을 직접 사진으로 기록했다. 그는 밝은 빛 대신, 빛에 극도로 민감한 카메라를 사용했다. 실험 결과는 영의 실험과 동일하게 간섭무늬를 보여 줬다. 하지만 테일러가 빛의 밝기를 극도로 낮추자, 사진 속에는 빛이 입자 형태의 점으로 기록되는 것이 보였다. 시간이 충분히 지나자 이 점들이 모여 다시 간섭무늬가 나타났다. 테일러의 실험은 빛이 단순히 파동만이 아니라 입자처럼도 행동한다는 사실을 명확하게 보여 줬다. 빛은 파동이면서도 입자였다.

연못 이야기로 돌아와서 물결을 생각해 보면 이해가 될 것이다. 결국 물은 물 분자를 구성하는 입자로 이뤄져 있다. 물 분자가 돌에 의해 출렁이면 물 분자들은 밖으로 밀려나며 물결을 만든다. 우리는 물에 대해서 충분히 이해할 수 있다. 하지만 손에 들고 있는 돌은 어떨까?

## 입자의 숨겨진 비밀

손에 들고 있는 작은 돌을 자세히 들여다보자. 그 돌이 파동처럼 행동한다는 것은 쉽게 상상하기 어렵다. 돌은 단단한 고체이며, 갈아서 모래로 만든다고 해도 그 물질은 여전히 고체일 뿐이다. 거시적 규모에서 돌 같은 입자가 파동적으로 움직이는 모습을 보는 것은 현재로서는 불가능하다. 하지만 매우 강력한 현미경으로 돌의 구조를 들여다보면 이야기는 조금 달라진다. 테일러의 실험 이후, 일부 과학자는 "그렇다면 입자도 파동처럼 행동할 수 있을까?" 의문을 갖기 시작했다. 드 브로이는 실제로 그렇게 믿었다. 드 브로이의 가설과 슈뢰딩거의 이론을 접한 과학자들은 이를 시험하기로 했는데, 이때 그들은 빛에 사용했던 것과 비슷한 이중 슬릿 실험을 전자 같은 입자에 적용해 봤다.

여기서 질문은 매우 명확했다. 빛이 그랬듯, 전자도 파동처럼 행동할 수 있을까? 결과는 과학계를 뒤흔들 만큼 충격적이었다. 대답은 "그렇다!"였다. 전자가 이중 슬릿을 통과했을 때, 전자는 입자이면서 동시에 파동의 성질을 드러냈다.

이 지점부터 "어떻게, 그리고 왜" 입자-파동 이중성이 존재하는지에 대한 본격적인 논쟁이 시작됐다.

## 양자물리의 혁신

아인슈타인, 드 브로이, 슈뢰딩거와 같은 양자물리학자들은 모든 입자가 입자이면서 파동인 이유를 더 깊이 분석해 이론으로 만들었다. 이런 일이 일어난다는 것만으로는 만족하지 못한 양자물리학자들은 원자와 아원자 세계에 있는 흥미로운 비밀을 더 깊이 이해하고 밝혀내려고 시도했다.

먼저 아인슈타인은 빛을 더 가까이서 들여다보기 시작했다. 아인슈타인의 발견에 따르면 고주파수의 빛은 특정한 조건에서는 입자성과 파동성을 둘 다 쉽게 보여 준다. 아인슈타인은 빛을 물결처럼 생각하기보다는 입자의 샤워와 같은 것으로 바라봤다.

정말 그렇다! 빛은 마치 비구름에서 떨어지는 물방울처럼 생각할 수 있다. 비구름을 거대한 전구라고 상상해 보자. 구름 속에 물이 가득 차고 폭풍이 몰아치면 물은 작은 물방울부터 묵직한 덩어리까지 다양한 형태로 떨어진다. 폭우가 세지면 마치 파도에 휩쓸린 것처럼 느껴지는 것처럼, 빛도 주파수에 따라 다른 강도의 작은 '물방울'을 보낸다. 각각은 분리된 입자이지만, 전체적으로는 파동처럼 행동한다.

1920년대, 과학자들은 입자-파동 이중성에 대한 새로운 접근법과 이론을 만들었다. 입자와 파동이 서로의 특성을 갖고 있기 때문에 물질이 실제로는 파동과 입자 특성을 동시에 보이는 다른 어떤 것으로 만들어졌다는 아이디어를 검토하기 위해서였다. 드 브로이와 슈뢰딩거는 입자가 가질 수 있는 파동적 특성을 묘사하고, 그 입자가 미래에 어떤 행동을 할지 예측하는 새로운 공식을 만들었다.

이를 바탕으로, 입자-파동 이중성을 설명하는 새로운 양자이론이 만들어졌다. 하지만 당시에는 인과성과 확률에 대한 다른 아이디어가 방정식에 들어왔다. 이것은 물질이 파동과 입자 둘 다일 뿐만 아니라, 이 입자-파동이 어떻게 행동하는지에 대한 확률적 요소도 있었다. 이 입자-파동은 언제 붕괴할까? 입자나 파동 같은 모습은 모든 상황에서 보일까? 하늘을 봤을 때, 구름이 이슬비를 뿌리다가 갑자기 폭우로 돌변한다고 생각해 보자. 새로운 공식은 단지 확률만을 주기 때문에, 자연계를 고전역학처럼 기존 방식으로 이해하고 싶었던 아인슈타인 같은 과학자들은 이러한 양자역학적 혁신을 받아들이기 어려워했다.

### 연못을 가로질러 돌을 던지기

하늘, 나무, 캠프파이어, 마시멜로의 냄새는 무척이나 생생하게 느껴진다. 돌이 수면을 때리고 가라앉는 소리. 나무가 타닥타닥 타는 소리. 나무를 지나는 바람이 바스락거리는 소리까지, 이 모든 건 우리에게 너무나 익숙하다. 한 예로, 당신 주변 풍경에 작은 녹청색 연못이 있고, 손에는 묵직한 돌이 들려 있다고 가정해 보자. 이런 현실적인 장면 속에서 '세상이 파동 같은 에너지의 반짝임으로 이루어져 있다'라고 상상하는 것은 쉽게 와닿지 않는다.

하지만 실험과 과학적 관측, 그리고 수학적 공식들은 이미 말하고 있다. 우리가 만지고 보고 느끼는 이 세계는, 입자와 파동의 성질을 동시에 지닌 매우 근본적인 요소들이 모여 만들어 낸 결과라는 사실을.

# 4장

# 상대성이론

"물리학자의 최대 업적은, 순수한 추론으로만 만들어 낼 수 있는 우주에서 시작해 만물의 기초 법칙까지 도달한 것이다. 이 법칙에 이르는 논리적 길은 없다. 오직 경험에 공감하는 직관으로만 도달할 수 있다."

알베르트 아인슈타인(Albert Einstein)

모터보트가 호수 위를 가르며 굉음을 남기고, 물결과 거품을 뒤로 길게 흩뿌린다. 바람이 거세게 불어오면 엔진 소리에 묻혀 자기 목소리조차 잘 들리지 않는다. 보트가 시속 20킬로미터 정도로 달린다면 그랑프리급 속도라고 할 순 없지만, 빠른 속력과 크게 이는 파도 덕분에 뱃놀이는 꽤나 짜릿해진다. 당신은 수상스키를 타고 묘기를 부려 보고 싶다는 생각이 들지도 모른다.

그때, 보트의 키를 잡은 친구가 손을 흔든다. 아마 당신과 같은 생각을 하고 있는 듯하다. 이제 당신은 친구에게 다가가려고 보트 위에서 걸음을 옮긴다. 그러다 문득 "내가 지금 얼마나 빠르게 움직이고 있을까?"라는 의문이 든다. 친구에게 다가가는 데는 오래 걸리지 않겠지만, 보트 밖으로 떨어지지 않도록 조심하면서 생각에 잠긴다.

당신은 지금 시속 20킬로미터로 움직이고 있을까, 아니면 그보다 훨씬 느린 속도로 걷고 있을까? 혹은, 정말 믿기 어렵겠지만 시속 10만 킬로미터나 70만 킬로미터로 움직이고 있을까?

만약 내가 당신에게 이 모든 속도가 다 맞다고 한다면 어떨까? 당신이 친구에게 걸어가는 속도는 실제로 시속 1킬로미터도 되지 않을 것이다. 하지만 호숫가에 서 있는 사람이 본다면, 당신은 보트 위에서 시속 20킬로미터로 이동 중일 것이다. 우주에서 보면 당신은 지구와 함께 태양 주변을 시속 약 10만 킬로미터로 돌고 있다. 게다가 태양 자체도 은하 중심을 기준으로 시속 70만 킬로미터로 움직이고 있다.

이처럼 관점에 따라 속도가 달라진다는 사실을 이해하는 것이 바로 상대성의 핵심이다.

## 상대성이란 무엇인가?

상대성에 대해 생각하면 먼저 수학이나 물리학이 떠오를 수 있다. 하지만 그전에 '상대적relative'이라는 단어의 뜻부터 살펴보자. '상대적'이라는 말은 어떤 것을 다른 것과 비교해 판단한다는 의미다. 형용사로서 "상대적"이라고 하면, 비교할 만한 기준이나 성질이 있다는 뜻이다. 따라서 상대성은 관계성, 의존성, 연결성이라는 개념에 뿌리를 둔다.

물리학에서의 상대성도 비슷한 맥락이다. 상대성은 우리가 세상을 바라보는 방식을 완전히 새롭게 보여 주는 이론이며, 특히 시간과 공간의 관계를 다루는 이론이다. 우리는 보통 시간을 시계로 재고, 공간을 자로 잰다고 생각한다. 하지만 아인슈타인 같은 물리학자들의 연구 덕분에, 이제 시간과 공간이 사실 같은 현상을 바라보는 두 가지 방식이라는 점을 이해하게 됐다. 이를 시공간spacetime이라고 부른다.

이제 아인슈타인의 특수 상대성이론, 그리고 이후 양자역학이 상대성이론에 어떤 영향을 미쳤는지를 살펴보기 전에, 먼저 고전적 상대성과 일반 상대성의 기본 개념부터 다시 정리해 보자.

### 고전 상대성

앞의 이야기로 돌아가, 모터보트 안에 앉아 있는 당신과 당신 친구를 가까이서 보면 멈춘 것처럼 보이겠지만, 호숫가의 다른 사람이 당신을 보면 꽤 빠르게 움직이고 있을 것이다. 우리는 주변 풍경이 어떻게 움직이는지를 기준 삼아 자신의 속도를 가늠한다. 심지어 모터보트를 멈추고 친구 옆에 가만히 앉아 있다고 하더라도 지구도, 태양도, 우리은하조차도 계속 움직이고 있다.

결국 고전적인 상대성이란 그 무엇도 절대적인 하나의 속력으로 움직이지 않고, 또는 절대적으로 멈춘 것도 없다는 뜻이다. 당신이 자고 있을 때조차도 움직이고 있으며, 걷거나 운전할 때는 우리가 느끼는 것보다 훨씬 더 빠른 속도로 우주 속을 이동하고 있는 셈이다. 요약하자면 우리가 아는 속력은 우리가 고려하는 관점에 따라 달라진다.

### 특수 상대성

호숫가를 바라보면 잘 느껴지지 않겠지만, 사실 당신이 모터보트 위에서 경험하는 시간은 호숫가에서 수영하는 사람보다 아주 조금 더 느리게 흐른다. 물론 이런 차이를 느낄 수는 없다. 모터보트와 멈춰 있는 사람 사이의 속도 차이가 매우 작기 때문이다. 하지만 태양이나 우주 공간의 엄청난 속도로 움직이는 물체들을 생각하면, 극히 미세한 시간 차이가 펨토초 femtosecond[1] 단위로 쌓이기 시작한다.

4장의 뒷부분에서 이 현상을 더 자세히 살펴보겠다. 지금은 일단 속도나 여

1 1펨토초는 1000조 분의 1초다. – 옮긴이

러 과학적 값이 상대적일 수 있지만, 시공간과 빛의 속도는 절대적이라는 사실만 기억해 두면 된다.

멈춰 있든 빠르게 움직이든, 빛의 속도는 결코 변하지 않는다. 하지만 속도를 올리면 시간이 느려지는데, 다시 말해 빛이 움직이는 데 더 오래 걸린다는 뜻이다. 이 결과는 시간 지연time dilation과 길이 수축length contraction으로 나타나며, 아인슈타인의 특수 상대성이론을 구성하는 중요한 개념이다.

## 일반 상대성

아인슈타인은 여기서 멈추지 않았다. 아인슈타인은 모터보트가 빨라지거나 느려질 때 어떤 일이 일어나는지 설명하려고 했다. 그 과정에서 아인슈타인은 중력이 어떻게 작동하는지에 대한 새로운 이론, 즉 일반 상대성이론을 만들어 냈다. 특수 상대성이론은 한 방향으로 일정한 속력으로 움직이는 물체에 대해서는 잘 작동했지만, 속도가 빨라지거나 느려지거나 방향이 바뀌는 것을 고려하지 않았기 때문이다.

이러한 것들을 고려해 아인슈타인은 큰 질량체 근처에서 시공간의 구부러짐이 공간을 통과하는 속도를 바꾼다는 이론으로 만들었다. 예를 들어 시공간의 휘어짐은 지구가 태양에 끌려가는 이유, 또는 우리은하의 별들이 블랙홀 주변을 도는 이유를 설명할 수 있다. 아인슈타인의 이론은 사람들이 자유 낙하할 때 무중력 상태를 느끼는 이유도 설명한다. 번지 점프나 스카이다이빙을 하거나 지구 주변의 위성 궤도에 있을 때 시공간을 통한 가속을 경험하지 않으며 무중력 상태를 느낀다. 결국 아인슈타인의 이론은 중력파gravitational wave, 블랙홀의 거동, 우주 궤도에서 흐르는 시간과 지표면에서 흐르는 시간의 차이를 통해 확인되면서 옳은 것으로 받아들여졌다.

하지만 양자역학이 발전하면서 아인슈타인의 일반 상대성이론에도 몇 가지 문제가 드러나기 시작했다. 이 부분은 이후에 더 자세히 살펴보겠다.

### 특수 상대성이론 더 깊이 파고들기

모터보트의 속력과 모터보트에 탄 다른 사람에게 구명조끼를 던지는 사람의 속력을 생각해 보면, 던져진 구명조끼의 실제 속력을 계산하는 몇 가지 방법이 있다. 먼저 모터보트가 시속 20킬로미터로 이동하고, 보트 위에서 구명조끼를 시속 2킬로미터로 던진다고 가정해 보자. 보트에 탄 사람들에게는 구명조끼는 일정한 빠르기로 움직이겠지만, 호숫가에 있는 관찰자에게는 저마다 다른 속도로 보일 것이다.

만약 모터보트가 북쪽으로 달리고 있고, 구명조끼도 같은 방향(북쪽)으로 던져졌다면, 아인슈타인의 설명에 따르면 호숫가에서 수영하고 있는 사람의 눈에는 그 구명조끼가 시속 22킬로미터로 보인다. 계산해 보면 아주 간단하다.

시속 20킬로미터(보트 속력) + 시속 2킬로미터(구명조끼 속력)
= 시속 22킬로미터(전체 속력)

반대로, 구명조끼를 뒤쪽(반대 방향)으로 던졌다면? 관찰자의 눈에는 여전히 빠르게 보이겠지만, 실제 속력은 훨씬 낮다.

시속 20킬로미터(보트 속력) − 시속 2킬로미터(구명조끼 속력)
= 시속 18킬로미터(전체 속력)

이는 시간, 거리, 속력이 누가 관찰하느냐에 따라 달라지기 때문이다. 하지만 당신이 시공간이나 빛과 같은 우주의 다른 상수들을 가져오면, 상황은 조금 더 흥미로워지기 시작한다.

### 도플러 효과와 아인슈타인 방정식

당신의 모터보트에 경적이 달려 있다고 하자. 호숫가 근처를 지나칠 때 경적을 울리면, 사람들이 당신에게 소리를 지르겠지만 그들이 듣는 소리는 당신이 듣는 것과는 꽤 다를 것이다. 당신이 가까이 가면서 듣는 경적 소리는 더 크고 더 높은 음(높은 주파수)으로 들릴 것이다. 당신이 지나쳐서 멀어지면 경적은 더 작고 낮은 음(낮은 주파수)으로 들릴 것이다. 이를 도플러 효과Doppler Effect라고 한다. 이 효과는 호수의 물결, 소리, 빛을 포함한 모든 종류의 파동에 적용된다. 만약 당신이 보트에서 빛을 비추면 빛의 속도는 바뀌지 않지만 그 주파수가 바뀌기 때문에 우리가 보는 빛은 다르게 보일 것이다.

이러한 관찰을 바탕으로 아인슈타인은 그 유명한 방정식을 만들었다.

$$E = mc^2$$

여기서 E는 에너지, m은 질량, c는 빛의 속도를 뜻한다. 이 공식은 어떤 물체의 에너지는 그 물체의 질량에 빛의 속도의 제곱을 곱한 것과 같다는 뜻이다. 아인슈타인의 발견과 그 결과로 얻은 공식에 따라, 아인슈타인과 다른 과학자들은 에너지와 질량이 같은 것의 다른 표현이라는 것을 이해하게 됐다. 즉, 질량은 에너지가 될 수 있고, 에너지는 질량이 될 수 있다. 그래서 어떤 물체의 에너지가 증가하면 질량도 함께 증가한다.

### 길이 수축

아인슈타인이 알아낸 또 다른 이상한 현상은 물체의 속력이 그 물체의 길이에 영향을 준다는 점이다. 앞서 설명한 예시에서 모터보트는 꽤 느리게 움직이지만, 만약 우리가 우주선에 타고 빛의 속도에 가깝게 움직일 수 있다면 길이 수축을 관찰할 수도 있다.
우리가 탄 우주선의 길이가 50미터라고 하자. 그 우주선 안에서 걸어 다니면 우주선은 여전히 50미터 길이로 보이겠지만, 우주에 떠 있는 다른 누군가가 보기에는 우주선의 길이가 매우 다르게 보일 수 있다. 만약 그 사람이 우주선을 스쳐 지나가는 모습을 슬로우 모션으로 본다면, 우주선은 속도가 올라갈수록 앞뒤로 눌린 것처럼 찌그러져 보인다.
예를 들어 우주선이 빛의 속도의 절반으로 움직인다면, 관측되는 길이는 50미터에서 약 43미터로 줄어든다.

### 시간 지연

이 모든 상대성 현상을 보면, 빛의 속도만은 변하지 않고 항상 일정하다는 사실이 중요하다는 걸 알 수 있다. 빛은 초속 약 30만 킬로미터로 움직이며 매우 빠르지만, 그보다 더 빨라지거나 느려지는 일은 절대 없다. 그래서 빛은 과학자들이 거리를 측정할 때 쓰는 가장 중요한 기준 중 하나가 됐다.
천문학자들은 이런 특성을 바탕으로, 태양과 우리은하의 다른 별들 사이 거리를 계산할 때 훨씬 더 간단한 방식을 사용할 수 있게 됐다. 거리가 얼마나 되는지, 그리고 빛이 그 거리를 어느 속도로 건너는지 알고 있기 때문이다.
여기서 아인슈타인은 아주 흥미로운 질문을 던졌다. "그렇다면 우리가 빛의 속도로 날아간다면 무슨 일이 일어날까?"
특수상대성이론에 따르면, 속도가 매우 빨라지면 시간이 느려진다. 앞서 모터보트 예시에서 속도 차이를 체감하지 못했던 건, 보트의 속도가 호숫가에 서 있는 사람과 비교해 너무 작기 때문이다. 하지만 속도가 빛의 속도에 가까워지면, 펨토초femtosecond 단위의 미세한 시간 차이가 생기기 시작한다. 이런 시간 차이는 아주 작지만, 시간이 흐를수록 계속 누적된다.
결국 우리가 빛의 속도에 가까운 속도로 지구를 떠난다면 우리에게 흐르는 시간은 느려진다. 반면, 지구에 남아 있는 사람들은 평소와 똑같은 속도로 시간을 경험한다. 그래서 우리가 5년 동안 우주를 여행하고 돌아온다면, 지구에서는 이미 100년이 지나 있을 수도 있다.
이쯤 되면 정말 시간 여행이라고 부를 만하지 않을까?
그렇다! 이론적으로 당신이 빛의 속도보다 빠르게 움직일 수 있다면 당신은 시간을 뒤집어서 과거로 갈 수 있다. 하지만 문제는 $E = mc^2$가 이미 말해 주고 있다. 속도가 빨라질수록 질량이 증가하고, 그만큼 가속을 위해 필요한 에너지의 양도 기하급수적으로 늘어난다는 것을.
지금의 기술로는, 사람을 빛의 속도까지 가속할 만큼의 에너지를 만들어 내는 방법을 아직 찾지 못했다.
그러니… 빛보다 빠르게 가는 건 일단 잊는 게 좋겠다!

## 양자역학의 질문들

많은 물리학자에게 아인슈타인의 이론은 매우 그럴듯했다. 아주 많은 현상을 설명해 주기 때문이다! 모터보트에서 던진 구명조끼의 속도를 어떻게 계산할까? 가까워질수록 경적 소리가 더 크고 높게 들리는 이유는 무엇일까? 모터보트가 빨라지면 시간에는 어떤 변화가 벌어질까? 빛의 속도에서 에너지와 질량은 어떤 영향을 받을까?
양자물리학자들은 이 질문에 대한 답을 아원자 수준에서 추구한다. 상대성이론, 특히 일반 상대성이론은 모터보트, 태양, 심지어 블랙홀에 이르기까지 광범위하게 적용되지만, 양자물리학에서 발견한 다른 기이한 현상은 아인슈타인의 공식과 이론으로는 설명할 수가 없다.

## 일반 상대성이론의 문제

의자를 둥글게 늘어놓고 그 위에 천을 한 장 덮어 놓았다고 상상해 보자. 그 천 위에 탁구공을 올려두면 거의 변하지 않겠지만, 사과나 오렌지를 올리면 무게 때문에 천이 아래로 살짝 처질 것이다. 일반 상대성이론에서 말하는 중력도 이와 비슷하다. 태양처럼 질량이 큰 천체는 주변의 시공간을 휘게 만들고, 지구처럼 상대적으로 작은 천체는 그 주변 구조에 큰 변화를 주지 못한다.

우리 주변에도 이런 중력장이 거대한 그물처럼 펼쳐져 있다고 상상할 수 있다. 이 그물에는 모눈이 그려져 있고, 우주 곳곳을 지나가는 물체는 이 모눈이 휘어진 방향을 따라 움직인다. 과학자들이 물체의 움직임이나 중력장의 영향을 계산할 때 4차원 기하학을 사용하는 이유가 여기에 있다. 앞서 설명했듯이, 아인슈타인과 많은 물리학자는 시간과 공간이 본질적으로 같은 하나의 구조, 즉 "시공간"의 두 측면이라고 봤다.

하지만 문제는 여기서 시작된다. 양자물리학의 발견은 이러한 시공간 개념과 잘 맞아떨어지지 않는다. 자연계의 다른 세 가지 기본 힘(전자기력, 강한 핵력, 약한 핵력)은 양자장을 통해 설명할 수 있는데, 이 양자장은 매끄러운 시공간의 곡선을 따르지 않는다. 규칙적이지도 않고, 직관적으로 따라가지도 않는다. 2장에서 본 것처럼, 양자 세계는 확률적으로 움직이며, 입자는 정해진 경로를 따라 움직일 필요도 없다. 그렇기 때문에 양자 세계를 4차원 그래프나 시공간의 곡선처럼 단순한 도식으로 설명하기는 매우 어렵다.

이러한 근본적인 차이 때문에 양자역학은 상대성이론이나 중력에 대한 새로운 이론을 아직 만들 수 없으며, 따라서 양자 중력은 아직 수수께끼로 남아 있다. 일부 연구자들은 지금도 '모든 것의 이론The Theory of Everything'을 찾기 위해 노력하고 있지만, 앞서 말했듯이 이를 단 하나의 우아한 공식으로 정리하는 일은 아마 쉽게 이뤄지지 않을지도 모른다. 그때까지 우리가 이야기한 모터보트의 예시나 도플러 효과처럼, 양자 세계와 시공간 세계가 충돌하는 지점은 물리학자들에게 오랫동안 풀어야 할 난제로 남아 있을 것이다.

# 5장
# 슈뢰딩거의 고양이 역설

우리는 오래되고 익숙하며 분리할 수 없을 것처럼 보이는 두 단어,
즉 "현실"과 "가능한 것"만으로 세상을 설명할 수 없다.
무엇이 현실이고, 무엇이 실제로 일어난 일인지 완전히 단정할 위치에
우리가 서는 일은 없으며, 우리가 말할 수 있는 것은 단지
구체적인 한 사례에서 관찰된 것뿐이다.

에르빈 슈뢰딩거(Erwin Schrödinger)

낚시가 지겨운가? 그건 누구와 얘기하느냐에 따라 완전히 달라진다. 대물을 낚는 짜릿함을 아는 친구들도 있고, 몇 시간 동안 낚싯줄과 찌만 바라보며 앉아 있을 수 있다는 사실 자체가 좋은 사람들도 있다. 주변 자연에 등을 기대고 조용히 쉬고 싶은 이들에게는 꽤 매력적인 시간이 될 수도 있다.
작은 호수의 잔잔한 물결 아래에 있는 낚싯바늘과 미끼를 바라보자. 몇 분 후, 또는 몇 시간 후, 당신은 낚싯줄 끝의 찌가 위아래로 흔들리는 것을 볼 것이다. 물고기를 잡은 것일까? 아니면 호수에 있는 다른 쓰레기를 낚은 것일까? 낚싯줄을 잡아당겨서 당신이 잡은 것을 끌어올리기 전에 당신은 알 수 없을 것이다.
그 순간, 당신은 낚싯줄에 매달린 것이 물고기인지 쓰레기인지 알지 못하지만 논리적으로 둘 중 하나가 분명하다는 것은 생각할 수 있다. 하지만 물리학자들에게 양자의 영역은 그렇게 쉽게 이해되지 않는다. 당신이 낚싯줄에 걸린 것이 무엇이든, 양자물리학자들은 그것을 물 밖으로 잡아당기기

전에는 당신이 잡은 것이 물고기와 쓰레기 둘 다라고 주장할 수 있다. 말도 안 되는 소리처럼 들리겠지만, 이것이 바로 '중첩'이라는 개념이다. 이제 이 중첩을 좀 더 가까이 들여다보자.

## 중첩

중첩superposition은 양자물리학 초기부터 등장한 개념인데, 처음 들으면 아주 이상하게 느껴질 것이다. "어떤 물체가 무엇인지 왜 알 수 없을까?"라는 의문이 바로 떠오르기 때문이다. 낚시를 예로 들면 당신은 낚싯줄이 물고기나 다른 어떤 것을 붙들고 있음을 안다. 하지만 양자역학은 낚싯줄 끝에 달린 그 물체가 그것을 바라보기 전에는 둘 다라고 말한다.

슈뢰딩거, 아인슈타인, 보어, 훗날엔 파인만이 이러한 기이한 양자적 거동을 설명하려고 노력했다. 새로운 원자 모형이 등장하면서 전자의 거동을 자세히 연구하기 시작했고, 실험과 계산을 통해 전자가 단순한 입자가 아니라 파동적 성질도 함께 지닌다는 사실이 분명해졌다. 이러한 파동성은 입자의 이동뿐 아니라 스핀spin 같은 특성에서도 드러난다.

스핀[1]이라는 용어는 익숙하게 들릴지도 모른다. 일상에서는 자전거 바퀴, 휘젓는 거품기, 지구본처럼 회전하는 많은 물건을 볼 수 있기 때문이다. 하지만 양성자의 스핀은 이런 회전과는 완전히 다르다. 스핀은 양자화된 양이기 때문에, 연속적으로 바뀌지 않고 특정한 값만 가질 수 있다. 측정은 어렵지만, 양성자의 스핀을 측정하는 방식은 매우 구체적이고 명확하다.

어쨌든 양성자의 '스핀'은 업up 또는 다운down, 둘 중 하나로만 측정될 수 있다. 일단 관찰되면 입자-파동 상태는 붕괴되고, 과학자들이 입자의 움직임

1 회전한다는 뜻이지만, 입자의 스핀은 바퀴의 회전과 같은 의미가 아니다. – 옮긴이

을 측정할 수 있게 된다. 그 순간까지는 입자–파동의 물질은 중첩 상태에 있는데, 이것은 그 입자가 동시에 두 가지 방향으로 스핀한다고 말할 수 있다는 뜻이다. 양성자나 중성자와 다른 종류의 아원자 입자 파동은 동시에 둘 이상의 스핀 상태를 가질 수 있다.

## 이중 슬릿 실험

중첩 현상을 계속해서 증명해 주는 가장 유명한 실험은 이중 슬릿 실험이다. 위와 아래, 이렇게 두 개의 틈이 있는 벽을 상상해 보자. 이제 테니스공 하나를 집어 들고, 그 두 틈 중 한 방향으로 던져 보면 공은 당연히 틈 하나만 통과해 뒤쪽 벽에 박힐 것이다. 공은 한 번에 두 틈을 동시에 통과할 수 없다는 사실은 너무나 자명하다. 동시에 두 개의 공을 던진다 해도, 각각은 한 틈을 통과해 벽에 닿을 것이다.

이제 상상을 바꿔, 방 전체가 물로 가득 차 있다고 해 보자. 당신이 물 쪽으로 공을 던지면, 공이 아니라 물의 파동이 두 틈을 동시에 통과해 반대편 벽에 간섭무늬를 만든다. 물결은 넓게 퍼지기 때문에 가능한 일이다.

위에서 살펴봤듯이 공은 단단한 물체이므로 퍼져 나가지 않는다. 물은 벽의 양쪽 면에 물결을 만들 수 있지만, 그 파동은 공보다 덜 단단하다. 하지만 아원자 입자는 테니스공과 물 위의 물결을 둘 다 닮았고, 슬릿을 통해 입자를 쐈을 때 그 입자들은 단일 파동처럼 통과하지만 일단 벽에 닿으면 하나의 점으로만 나타난다. 만약 우리가 입자를 관찰하기 위해 로봇이나 카메라를 설치한다면, 슬릿을 통과하는 입자–파동은 마치 테니스공과 같은 단일 입자처럼 통과한다. 그렇지 않으면 입자는 파동처럼 통과한다.

이상하게 느껴지겠지만 입자가 입자로서 슬릿을 통과할 때조차도 그 입자들은 벽에 간섭무늬 같은 물결을 만드는데, 이는 여전히 그 입자들이 파동을 더 이상 관측할 수 없다고 하더라도 파동과 같은 특성을 갖고 있음을 보여 준다. 어떤 관점에서 보면, 입자는 특정한 한 위치에 '딱' 존재하는 것이 아니라 잠재적으로 여러 곳에 동시에 존재할 가능성을 갖고 있다고도 말할 수 있다. 하지만 과거와 미래의 양자 상태를 명확하게 관찰하거나 예측하기가 쉽지 않기 때문에, 오늘날의 과학자들조차 중첩이라는 개념에 완전히 확신하지 못하고 여전히 논쟁을 이어가고 있다.

이 중첩이 얼마나 놀라운 현상인지 설명하기 위해, 슈뢰딩거는 양자적 현실 속 핵심 개념을 드러내는 아주 유명한 역설을 제시했다.

## 슈뢰딩거의 고양이 역설

슈뢰딩거의 고양이 역설은 대부분 한 번쯤 들어봤을 것이다. 하지만 이 이야기가 양자물리학과 어떻게 연결되는지에 대해서는 시간이 지나며 오해가 많이 생겼다. 많은 사람은 이 역설을 '중첩을 설명하는 대표적 사례'로 받아들이지만, 실제로 슈뢰딩거는 아인슈타인과 마찬가지로 양자 수준에서 벌어지는 기묘한 현상을 과학적으로 이해하려고 했을 뿐이다.

그는 이 사고 실험을 통해, 우리가 관측하는 현실과 양자물리학자가 설명해야 하는 현실 사이의 간극, 즉 그 괴리의 본질을 드러내고자 했다.

### 사고 실험

슈뢰딩거가 제안한 실험을 살펴보자. 상자를 하나 준비해 살아 있는 건강한 고양이를 그 안에 넣는다. 그리고 그 안에 '무작위로 사건이 일어나는 장치'를 함께 넣는다. 이 장치는 예측 불가능한 양자적 사건을 포함해야 하는데, 예로 든 것이 바로 우라늄 원자다. 상자 안에 우라늄 원자 하나를 넣으면 그 원자는 언제든지 붕괴할 수도 있고, 붕괴하지 않을 수도 있다. 만약 붕괴가 일어나면, 이를 감지하는 장치가 작동해 작은 망치를 떨어뜨리고, 망치는 독약이 든 유리병을 깨뜨린다. 그러면 고양이는 죽게 된다.

만약 상자를 닫아 놓고 그 양자적 사건이 발생했을 때만 고양이가 죽는다고 하면, 우리는 그 고양이가 죽었는지 살았는지 확신할 수 없다. 이것은 모두 원자가 붕괴됐는가 아닌가에 따라 달려 있다. 결과적으로, 두 가지 동떨어진 현실이 동시에 존재하게 된다. 고양이가 살아 있거나, 고양이는 죽어 있거나. 상자를 열고 안을 들여다보기 전에 우리는 확실히 알아낼 수 없다.

낚시를 예로 들었던 것과 마찬가지로, 우리는 생각해 볼 수 있다. 가장 먼저, 물 밖으로 낚싯줄을 꺼냄에 따라서 우리가 잡은 것이 물고기인지 혹은 물고기가 아닌지 확실히 할 수 있다는 것을. 양자 세계 역시 관찰하기 전에는 어떤 것도 확정할 수 없다.

하지만 더 복잡한 점은, 입자를 관측하는 순간 그 입자가 지니던 불확정한 성질이 사라지고 특정한 값으로 '붕괴'한다는 점이다. 즉, 관찰 직전까지는 중첩 상태에 있었던 입자도 관측과 동시에 하나의 모습만 남게 된다.

이 논리대로라면, 고양이 역시 관측되지 않은 아원자 입자와 비슷한 취급을 받게 된다. 즉, 상자를 열기 전까지 고양이는 '살아 있으면서 동시에 죽어 있는' 중첩 상태로 존재한다고 볼 수 있다.

이러한 상황은 과학자들이 측정이 불가능하거나 반복 실험이 성립하지 않는 난감한 문제에 부딪히게 만든다. 그래서 이 실험은 단순한 비유 이상으로, 양자 현실의 핵심적인 모순을 드러내는 역설로 평가된다.

### 슈뢰딩거 고양이의 진실

많은 사람이 깨닫지 못하는 것은 슈뢰딩거의 사고 실험이 실제 실험으로는 절대로 이뤄질 수 없다는 점이다. 이 개념은 슈뢰딩거가 중첩이라는 '문제'

에 접근하는 방법이 얼마나 이상하고 받아들일 수 없는지 보여 주기 위해 제안했다. 양자물리학을 공략하는 방법은 두 가지가 있다. 하나는 과학에 대한 고전적인 접근법과 더 많은 실험적 접근법이다.

과학에 대한 고전적인 접근법은 미래의 사건을 예측하려는 목적에서 우주에 있는 패턴과 법칙을 밝혀내기 위해 과학자들이 특정한 단계를 따를 것을 요구한다. 예측을 확인하려면 같은 결과가 나오는 실험이 여러 번 반복돼야 한다. 하지만 이는 양자물리학 분야에서 완전히 가능하지 않다. 결과적으로 새로운 접근 방법이 제안됐지만 아인슈타인과 슈뢰딩거는 받아들이기 어려워했다.

새로운 접근법 중 하나는 관찰자의 행동이 현실의 구성에서 더 큰 부분을 차지한다는 제안이다. 입자의 파동적 거동은 양자물리학자들이 그것을 관찰했을 때 붕괴되기 때문에, 양자물리학자들은 관찰하기 직전의 입자 파동이 동시에 두 방향으로 스핀한다고 주장한다. 이렇게 되면 현실은 본질적으로 결정 불가능한 것이 되고, 철학적 관점에서는 과학자가 측정 결과를 모으거나 이론을 세우는 능력 자체가 약화된다.

처음에 아인슈타인과 슈뢰딩거는 논쟁에서 진 것처럼 보였다. 심지어 슈뢰딩거 고양이 역설이 슈뢰딩거 자신을 반박하는 근거처럼 사용된 적도 있었다. 이러한 초기의 논쟁에서 중첩 현상에 대한 것뿐만 아니라 현실과 과학적 방법의 기초에 대한 근본적 논쟁에 대해 여러 사상의 학파가 등장했다.

### 양자학파들의 생각

초기 철학자 중 몇몇은 세상을 고민했고, 폭풍이나 가뭄과 같은 자연계 사건들이 왜 일어나는지에 대한 이론을 만들고자 했다. 하지만 수백 년 동안 과학이 물질세계에만 집중하고 "경성 자료"만 살펴보면서 과학과 철학은 분리됐다. 이러한 과학적 접근 덕분에 기술은 발전했고, 의학과 보건 분야도 큰 진전을 이뤘다.

그러나 중첩과 양자얽힘이 논쟁의 중심으로 떠오르면서, 양자물리학은 마치 과학이 다시 과거의 철학적 뿌리로 되돌아가는 듯한 모습을 보이기 시작했다. 이러한 학문적 논의 끝에 과학계에는 네 가지 사상 학파가 등장했고, 오늘날에도 여전히 이어지고 있다.

먼저 물리학자들의 "닥치고 계산" 학파는 측정과 자료 해석에 집중한다. "왜"를 묻는 대신에 이 과학자들은 특정한 실험의 결과에 이론을 세우고 자료를 수집하기를 선호한다. 추측하기보다는 보다 전통적인 과학적 접근법에 따라 물질계 안에서 답을 찾으려고 한다.

이러한 여러 분파의 극단에는 종종 코펜하겐 해석이라고도 하는 "관측이 현실을 만든다"는 사상 학파가 있는데, 이는 과학의 경계를 좀 더 실험적 영역으로 확장시켰다. 이들은 입자의 스핀을 보이는 파동함수의 중첩과 붕괴가 측정하기 전에는 현실이 존재하지 않음을 증명한다고 주장했으며, 이는 우리 주변의 세상에 대한 우리의 영향에 관한 몇 가지 흥미로운 이론을 이끌어 냈다.

그 사이에는 중첩 문제를 더 고전적으로 설명하려는 두 가지 다른 접근이 있다. 먼저, "파일럿 파pilot wave" 해석, 흔히 "파도타기" 학파라고 불리는 이 입장은 입자의 행동이 보이지 않는 파일럿 파에 의해 결정된다고 제안한다. 드 브로이와 봄이 만든 이 아이디어는 중첩을 좀 더 전통적인 방식으로 이해하려는 시도였다. 파일럿 파는 아직 밝혀지지 않았지만, 만약 발견된다면 입자의 위치와 상태를 더 명확하게 파악할 수 있을 것이다.

좀 더 실험적인 양자물리학자들에게 가까이 가면, "수많은 세계가 존재한다"는 주장이 있는데, 이것은 양자 측정이 이뤄졌을 때 우리의 관찰 결과는 수많은 현실 중 단 하나일 뿐이라는 것이다. 우리는 전자의 스핀이 업인 것을 관찰할 수 있지만, 동시에 스핀이 다운인 다른 세계가 존재한다. 야구 경기에서의 예시와 마찬가지로, 이렇게 공존하는 우주는 또 다른 현실로 가지를 뻗어 나간다. 이 방식은 중첩이 어떤 형태로든 유지되지만, 논리적으로는 중첩 문제가 해결된 것처럼 보이기도 한다.

하지만 살펴봤듯이, 이 모든 사상 학파는 각자 자신들의 주장을 입증하는 과정에서 여전히 다양한 문제와 장애물에 부딪힌다. "닥치고 계산" 학파의 연구는 일단 실용적 한계에 도달한 것으로 여겨진다. 반대로 "파도타기" 학파 같은 접근법은 아직 명확히 증명되지 않았고, "수많은 세계" 학파 역시 직접 확인할 방법이 없으며, 우주가 무한한 수의 현실을 유지할 만큼의 에너지를 갖고 있는지도 의문이다. 이러한 상황은 결국 철학적 논쟁과 비과학적인 추측을 불러오며, 모든 과학자를 만족시키지 못하는 신비주의적 요소를 남긴다.

전체적으로 중첩 현상은 양자물리학자들에게 난제로 남아 있다. 지금까지의 논의만 봐도 슈뢰딩거의 고양이가 어떤 운명에 놓여 있는지 확정하기는 어렵다. 하지만 거시적 수준에서, 당신의 낚싯줄에 무엇이 걸렸는지 정도의 불확정성은 쉽게 해결된다. 우리의 낚시 여행은 성공적이었고, 당신의 미끼는 결국 오늘 밤의 저녁거리가 돼 줬다!

지금까지의 내용이 흥미로운가? 그렇다면 여러분의 생각을 공유하고 홈페이지에 댓글도 남겨 주면 좋겠다!

# 6장
# 양자얽힘 풀어내기

"양자이론을 처음 들었을 때 놀라지 않은 사람들은
그걸 진짜로 이해하지 못한 사람들이다."

닐스 보어(Niels Bohr)

시원한 바람이 불고 따스한 햇살이 비추는 날, 해변은 쉬기에 가장 좋은 장소 중 하나다. 많은 사람이 여기에 동의할 것 같다. 사람들의 웃음소리와 물놀이 소리는 당신의 오후를 더 즐겁게 만들어 줄 것이다. 당신은 해변에서 무엇을 즐기는가? 모래찜질? 수영? 모래성 만들기? 비치 발리볼?

만약 당신이 비치 발리볼 선수들을 더 가까이 바라본다면, 중첩과 양자얽힘에 대해 생각하는 방법을 알아챌 수도 있다. 한 남자가 공을 띄우고 반대편의 여자가 공을 때려서 되돌려 보내는 것을 보자. 여자와 남자는 몇 미터 정도 떨어져 있지만 그들의 손목을 바라보면 우리는 그 두 사람이 같은 공을 사용하면서 서로 영향을 주고 있음을 알게 된다. 땀, 모래, 또는 심지어 미세한 피부 세포까지도 한 사람에게서 다른 사람에게 공을 타고 옮겨진다. 만약 공이 존재하지 않는데 두 선수가 여전히 몇 미터 떨어져 있고 두 사람이 서로에게 물질을 계속해서 주고받는다면 어떨까? 이상해 보이지 않을까?

우리의 거시적인 일상 세계에서 물체는 바람, 번쩍거림, 고함, 또는 던져진 물건과 같은 전달자 없이는 먼 거리에 걸쳐 서로 영향을 줄 수 없다. 당신은 웨이터의 손을 건드리는 것만으로도 식당 저편에 독감 바이러스를 퍼뜨려서 누군가를 아프게 만들 수도 있다. 하지만 그 전달률은 웨이터의 손과 같이 중간에 있는 매개체에 따라 다르다. 그런데 양자역학에서는 사정이 다르다.

5장에서 배웠듯이 중첩 현상은 입자가 관찰되기 전에는 동시에 둘이나 그 이상의 상태가 동시에 존재할 수 있다는 현실을 묘사한다. 이 때문에 과학자들은 결과를 예측하기 어려워지지만, 한 입자에 영향을 주기 시작하면 관찰되는 다른 입자까지 함께 변화하는 일이 나타난다. 마치 서로 떨어져 있음에도 불구하고 두 입자가 한 몸처럼 연결돼 있는 것처럼 보이는 것이다. 이 현상을 바로 '양자얽힘'이라고 한다.

양자얽힘이란? 하얀 배구공과 노란 테니스공을 갖고 있다고 하자. 내가 두 공을 등 뒤로 숨긴다면, 당신은 어떤 손에 어떤 공이 있는지 맞힐 수 있을까? 이 시점에서, 당신은 슈뢰딩거와 마찬가지로 두 공이 모두 불확정적인 상태에 있다고 말할 것이다. 당신은 두 공이 모두 두 손에 있다고 말할 수도 있는데, 이런 현상을 중첩이라고 한다. 많은 과학자는 이런 개념이 물리학자들에게 주어진 도전이며, 시간이 흐르면 결국 설명될 것이라 믿었다.

이제 당신이 정답을 맞혔다고 해 보자. 하얀 배구공이 내 오른손에 있다면, 이는 곧 노란 테니스공이 왼손에 있다는 뜻이다. 하지만 양자역학에서는 관측이 일어나기 전까지 입자들은 끊임없이 움직이고, 그 상태는 관측되는 순간에야 비로소 확정된다. 즉, 당신이 하얀 배구공을 관찰하는 순간, 노란 테니스공의 상태도 함께 결정되는 셈이다. 이것이 양자역학의 핵심 개념 중 하나다.

양자얽힘은 둘이나 그 이상의 입자가 하나의 양자 상태를 공유하는 순간을 설명한다. 한 입자가 바뀌면 다른 입자(들)도 비슷한 방식으로 바뀐다. 앞에서 배웠듯이 양자물리학자들은 파동에서 나타난 입자가 스핀 업이 될지 다운이 될지, 또는 파동이 붕괴하기 전에 어떻게 스핀하고 있었는지 예측할 수 없다. 그렇지만 물리학자가 한 입자를 측정하면, 같은 양자 상태를 공유하는 얽혀 있는 다른 입자는 관측된 입자를 따라갈 것이다. 만약 관찰된 입자가 수직 스핀으로 측정됐다면, 이것은 스핀 업을 보인 것이다. 그리고 멀리 떨어져 있는 얽힌 입자는 그와 상반되는 스핀 다운으로 측정될 것이다. 두 입자가 1미터, 1천 킬로미터, 혹은 1광년[1] 떨어져 있더라도 이 효과는 마찬가지다. 어떻게 그런 일이 가능한지는 아직 명확히 설명되지 않았지만, 두 입자는 분명 서로 영향을 주고받는다.

오늘날 과학자들은 아원자 입자를 관측하기 위해 다양한 방법을 사용한다. 얽힌 광자를 연구할 때는 실험을 위해 직접 광자를 생성하기도 한다. 예를 들어 고에너지 광자는 두 개의 낮은 에너지 광자로 쪼개지며 얽힘 상태를 만든다. 쌍둥이 광자 중 하나의 상태를 바꾸거나 측정하면, 아무리 멀리 떨어져 있어도 다른 광자가 영향을 받는다. 같은 근원에서 나온 존재들이기 때문에 이 현상은 오히려 자연스럽게 느껴지기도 한다.

얽힌 광자를 측정하는 또 다른 방법은 거울로 만든 미로를 사용하는 방식이다. 양자물리학자들은 두 광자를 거울 사이로 통과시키되, 그것들이 어떤 경로를 지나는지는 알아내지 않는다. 이렇게 함으로써 얽힘이 나타나기 위한 최적의 조건을 만들어 낼 수 있다.

1 1광년은 약 9조 5천억 킬로미터다. – 옮긴이

## 양자물리학자들과 얽힘

오래전, 당시 유럽 사람들은 오늘날 우리가 아는 것과 같은 자연의 기본적 사실들을 이해하지 못했다. 파리와 질병은 마법처럼 나타나는 것으로 보였다. 루이 파스퇴르Louis Pasteur와 같은 저명한 과학자가 등장하기 전까지 사람들은 미시적 수준에서 원인과 결과가 어떻게 일어나는지 깨닫지 못했다. 현미경을 통해 파리의 알이나 박테리아를 분석할 수 있게 된 이후로는 파리와 질병을 둘러싼 신비로운 베일이 걷혔다. 마찬가지로 중첩 현상과 양자얽힘이 등장했을 때 양자물리학에는 신비로움의 장막이 드리워졌다.

일례로 아인슈타인과 슈뢰딩거는 입자가 거시 세계에서는 보이지 않는 방식으로 행동한다고 생각했지만, 두 사람은 결국 그 기묘한 관찰 결과를 어떻게 설명할 것인가를 두고 새로운 접근을 찾기 위해 싸웠다. 이들은 포기하지 않았고, 단지 당시까지 제안된 양자이론이 중첩 현상과 양자얽힘을 설명하기에는 충분하지 않다고 본 것이다. 그러나 벨 같은 다른 과학자들은 아인슈타인의 생각이 맞는지 직접 검증하기로 했다. 그 결과, 과학과 철학 모두에서 하나의 혁명적인 전환점이 찾아왔다.

### 아인슈타인과 얽힘

독일 이론 물리학자 막스 보른에게 쓴 편지에서 아인슈타인은 얽힌 입자들의 행동을 "섬찟한 원격 작용"이라고 표현했다(Einstein & Born, 2014). 시간과 공간뿐만 아니라 빛의 속도에 대한 상대성이론을 고려하면 아인슈타인은 입자들이 서로를 어떻게 그 즉시 바꿀 수 있는지 규명할 수 없었다. 멀리 떨어진 두 입자 사이에 충분한 시간이 지나지 않았기 때문에, 두 사람은 설명할 수 없는 현상을 마주하게 된 것이다.

먼저 아인슈타인은 국소적 숨은 변수를 제안하면서 그 질문에 답하고자 했다. 아인슈타인은 입자 안에 새겨진 숨은 정보를 가진 훨씬 더 근본적인 입자나 물질의 상태를 발견하고 증명할 수 있기를 바랐다. 그렇다면 입자가 멀리 떨어져 있어도, 그중 하나가 업 스핀이라면 다른 하나는 항상 다운 스핀이 된다.

예를 들어 공을 떠올려 보자. 두 공을 만들어 내는 공장이 있다고 하고, 그 공이 어디로 가든 한 공은 노란색, 다른 한 공은 흰색이라고 해 보자. 당신이 어떤 손에 어떤 공이 있는지 맞힌다고 하면, 예를 들어 흰 공이 내 오른손에 있다고 정확히 답했을 때 노란 공이 왼손에 있다는 건 너무나 당연하다. 왜냐하면 두 공은 처음부터 노란색과 흰색으로 정해져 있었기 때문이다. 이 두 공 사이의 '숨은 변수'는 이미 공장에서 결정된 것이다.

아인슈타인은 이와 비슷하게, 두 입자가 멀리 떨어지기 전 서로에게 영향을 미쳤고, 그때 결정된 어떤 정보가 이후의 스핀 결과를 정한다고 생각했다. 그래서 업 스핀으로 측정된 입자는 처음부터 업 스핀이었고, 그 짝은 언제나 다운 스핀이라고 보려 했던 것이다. 그러나 물리학자들은 그런 숨은 변수를 끝내 찾아내지 못했다.

아인슈타인은 남은 생애를 중력 법칙을 수정해 중력을 우주의 다른 세 가지 힘과 통합시키려고 시도하면서 보냈다. 그가 '모든 것의 이론'을 추구하는 데 몰두한 탓에, 왜 입자들이 얽혀 있고 서로의 상태에 영향을 주는지에 대한 문제는 다른 양자물리학자들이 풀어야 할 숙제로 남게 됐다.

### 벨과 국소성

우선, '관찰 전에는 입자들이 동시에 모든 상태에 존재한다'는 중첩의 의미를 아인슈타인을 포함한 양자물리학자들 모두가 어느 정도 인정하고 있었다. 또한 아무리 찾아도 숨은 변수는 발견되지 않았다.

벨은 아인슈타인의 숨은 변수가 실제로 작동할 수 있는지 확인하기 위해, 간단해 보이지만 매우 정교한 수학적 방정식인 벨 부등식 정리를 제안했다.

확률, 통계와 수학 공식을 써서 벨은 입자가 미리 결정된 상태를 갖지 않으며, 항상 서로를 반영하도록 정해지지도 않음을 보였다. 앞에서 살펴본 공을 예로 들면, 테니스공과 배구공은 항상 서로 분리돼 있고 구분되는 것으로 보인다. 만약 두 공이 얽혀 있는 양자적 입자였다면, 두 공은 서로를 반영해, 하나는 업 스핀이고 다른 하나는 다운 스핀일 것이다. 만약 공 하나를 측정해서 양수값이 나오는 업 스핀으로 관찰됐다면, 다른 하나는 100%의 확률로 음수값이 나오는 다운 스핀이 될 것이다. 하지만 이는 두 공을 업 스핀 값에 대해서 측정했을 경우에만 일어난다. 과학자들이 한 공을 업 스핀 기준으로, 다른 공을 '우측 스핀' 같은 다른 기준으로 측정하면 상황은 훨씬 더 복잡해진다.

벨의 부등식은 이렇게 설명한다. 만약 공들이 처음부터 미리 정해진 특성을 갖고 있었다면, 서로 다른 기준으로 측정했을 때 두 번째 입자가 첫 번째와 100% 반대 값을 가지리라는 보장은 없다. 예를 들어 하얀 배구공이 업 스핀(양수)으로 측정될 때, 노란 테니스공을 스핀 축에서 45도 다른 방향으로 측정하면 두 값은 더 이상 업/다운 관계에 얽매이지 않는다. 각각 독립적인 값이 된다.

이런 현상이 왜 관찰되는지는 다양하며 수학, 사인파, 각도와 밀접한 관련이 있다. 하지만 중요한 사실은 하나다. 수많은 실험이 벨 부등식을 검증했으며, 아인슈타인이 기대했던 숨은 변수 모델은 실제와 맞지 않았다.

오히려 실험 결과는 이렇게 말한다. 얽힌 입자의 스핀 결과는 입자를 어떤 각도에서, 어떻게 측정하느냐에 따라 달라진다는 것이다. 이는 얽힌 입자에 “결과가 미리 정해져 있다”는 숨은 변수 가설이 틀렸음을 통계적으로 명확히 보여 준다.

### 섬찟한 원격 작용

물결이나 테니스공이 거시 세계에서 행동하는 방식을 살펴볼 때, 양자 세계는 우리의 일상생활에는 실질적인 영향력이 없다고 느낄 수도 있다. 어쨌든 테니스공은 단단한 물체처럼 행동할 것이고, 물은 여전히 물결(파동)을 만들 것이다. 어느 것도 동시에 입자이면서 파동인 양자를 만들 것 같아 보이지 않는다. 둘 중 어느 것도 중첩 상태인 입자로 보이지 않고, 테니스공이나 물은 둘 다 양자얽힘을 보이지 않는다. 양자얽힘은 관찰됐지만 믿어지지가 않는다. 그럼에도 많은 양자 이론 물리학자는 이 수수께끼가 언젠가 풀릴 것이라고 믿는다.

구체적인 해답은 아직 나오지 않았지만, 이러한 양자적 관찰 결과를 실제 기술에 응용하는 움직임은 이미 시작됐다. 대표적인 예가 바로 양자컴퓨터 시대의 개막이다. 동시에 우리가 사는 세계가 우리가 측정하고 예상하는 방식 그대로 움직이지 않는다는 사실이 드러나면서, 현실의 본질을 둘러싼 철학적 논의도 활발히 전개되고 있다.

# 7장
# 끌어당김의 법칙[1]

"누구도 혼자 설 수 없다."

에르빈 슈뢰딩거(Erwin Schrödinger)

날이 저물고, 캠프파이어를 즐기기 좋은 포근한 저녁이다. 우리는 둥글게 둘러앉아 핫도그와 마시멜로, 감자칩, 사이다를 서로 건넨다. 머리 위 하늘에는 더 이상 태양 빛의 잔향도 남아 있지 않다. 작은 별빛과 차가운 달빛만이 부드럽게 내려오고, 캠프파이어의 따스한 불꽃이 우리의 얼굴을 환히 비춘다. 불길은 타닥거리며 타오르고, 당신은 핫도그를 천천히 기울여 굽는다. 이 순간, 모든 것이 분명하고, 손에 잡힐 듯하고, 무엇보다… 존재한다.

손을 한번 내려다보자. 당신은 당신의 손을 아주 잘 안다. 그렇지 않은가? 모든 주름, 모든 상처, 모든 관절이 익숙해 보이지만, 당신은 다치기 전에는 손에 대해 잘 몰랐을 것이다. 조금 더 오래 바라보자. 무엇이 보이는가? 근육 조직과 뼈를 덮어서 당신의 몸을 구성하는 피부와 손톱이라는 보호층일 것이다. 더 깊이 들어가면 당신은 뼈와 근육이 무엇으로 만들어져 있는

1 7장의 내용은 양자역학의 본질과는 크게 관련이 없으며, 철학적 내용에 가깝다. – 옮긴이

지 분석할 수 있다. 바로 세포다.

조금 더 깊이 들어가 보자. 피부 세포는 무엇으로 이뤄져 있을까? 분자다. 이것이 당신의 손을 구성하는 기본 틀이다. 하지만 분자조차도 일정한 규칙대로 배열돼 있다. 그 규칙은 재료나 원소에 따라 달라진다. 피부를 이루는 분자 배열은 손톱과 다르고, 몸의 다른 모든 부분도 저마다 다르다. 이 복잡한 구조는 원자에서부터 출발해 긴 시간에 걸쳐 형성됐다. 우주의 구성 요소로서 원자는 우리가 찾을 수 있는 가장 근본적인 물질일 것이다. 정말 그럴까?

## 나는 관측한다. 그러므로 나는 존재한다

지금까지 밝혀낸 바에 따르면 원자 또한 전자, 양성자, 중성자와 같은 아원자 입자로 이뤄진다. 원자, 분자, 세포들도 미세한 크기지만, 아원자 수준에서는 현실이 전혀 다른 규칙을 따르는 듯 보인다. 앞서 배웠듯, 아원자 입자들은 파동도 아니고 입자도 아니며, 관찰되기 전까지는 양자화된 상태에 존재한다. 이 사실은 몇몇 과학자에게 아원자 입자들의 파동적 상태가 어쩌면 서로 연결된 하나의 거대한 파동을 이루는 것이 아닐까 하는 새로운 이론으로 이어졌다. 이 이론은 중첩 현상과 양자얽힘을 설명할 수 있으며, 이 파동은 구름이나 에테르에 더 가깝고, 우주가 실제로는 '에너지'로 구성돼 있다는 의미이기도 하다.

코펜하겐 학파와 같은 일부의 과학자들은 관찰자 효과는 입자를 붕괴시키므로, 사실은 현실이란 관측을 통해서만 구성 가능하다고 주장한다. 어쩌면 우리가 세계와 상호작용하는 방식이 서로의 존재를 유지시켜 주고 있는지도 모른다는 것이다. 즉, 어쩌면 우리의 생각은 우리가 생각한 것보다 우주에 더 얽혀 있을 것이다. 이 지점에서부터 과학과 철학의 경계는 흐려지기 시작한다.

먼저 아인슈타인과 보어가 현실을 어떻게 측정하고 예측할 수 있는지 논쟁한 것을 이해하는 것이 중요하다. 두 사람 모두 과학의 거장이지만 아인슈타인은 좀 더 결정론적이고 고전적인 과학적 방법론에 접근해 연구를 진행했다. 이것이 바로 아인슈타인이 숨은 변수에 의해 입자들이 서로 영향을 주고받고 서로에게 반영돼 서로를 변화시키는 알려지지 않은 속성이 있다는 믿음을 유지했던 이유다.

반대로 보어는 과학계가 관측하고 있는 것에 관해 솔직했다. 입자는 관찰될 때에만 파동함수가 사라지고 특정 위치에 귀속된다. 이 관찰자 효과는 실험으로 확인됐다.

본론으로 돌아가, 아인슈타인은 기술적으로는 코펜하겐 학파의 이론에 패배했다. 아인슈타인은 당대의 새로운 이론이 단지 충분하지 않다고 의심했고, 더 많은 연구가 필요하다고 생각했다. 아인슈타인의 숨은 변수 이론은 시간이 지나면서 설득력을 잃어갔지만, 파일럿 파동 해석 등 '더 과학적인 방식'으로 설명을 시도하는 접근법은 남아 있다.

물론 아인슈타인은 여러 면에서 정확했다. 보어의 이론은 시간이 흐르며 수정·보완돼 왔기 때문이다. 하지만 현실이 관측에 의해 영향을 받는다는 보어의 기본 아이디어는 과학자, 철학자, 심지어 신비주의자들에게까지 지속적인 영향을 줬다.

## 과학과 철학의 얽힘

이렇게 아름다운 밤, 우리는 핫도그와 스모어를 굽고, 캠프파이어 노래를 들으며 둘러앉아 있다. 감자칩도 꽤나 유혹적이다. 그렇지 않은가? 나는 아마 몇 개쯤 집어 들 것이다. 당신도 이런 간식을 좋아하지 않는가?

감자칩을 바라보는 이 순간조차, 우주가 어떻게 작동하는지 궁금해질 수 있다. 이런 시간에 정신과 신체를 떠올리는 것이 다소 엉뚱하게 보일 수도 있지만, 한번 생각해 보자. 만약 우리가 세계가 단순히 에너지의 한 형태인 아원자 입자들로 이뤄져 있다는 사실을 제대로 이해한다면, 그것은 결국 "우리는 누구인가?"라는 근본적인 질문으로 이어진다. 우리의 뇌는 물리적 세계와 떨어져 있지 않으며, 같은 퍼즐의 일부로서 이 우주와 긴밀히 연결돼 있기 때문이다.

이것은 많은 사람이 정신과 신체의 관계를 오랫동안 바라본 방식과는 첨예한 차이가 있다. 고대에서 유럽의 중세에 이르기까지 세계는 두 부분으로 나뉜다고 여겨졌다. 보이는 것과 보이지 않는 것 말이다. 보이는 세계는 이곳의 나무, 캠프파이어, 이 핫도그, 감자칩 그릇과 같은 것을 포함한다. 보이지 않는 영역은 우리의 정신, 영혼, 신들의 땅 같은 것들을 포함한다.

프랑스의 철학자이자 수학자 르네 데카르트René Descartes는 이렇게 말했다. "나는 생각한다. 고로 나는 존재한다Cogito, ergo sum." 익숙한 구절인 이 문장은 그의 문제의식이 인간의 의식과 실재의 관계에 있었다는 것을 보여 준다. 데카르트는 정신(보이지 않는 것)과 신체(보이는 것) 사이의 연결을 해석하려고 시도했다. 과연 과학적 관점에서, 보이지 않고 측정할 수 없는 어떤 것이 측정 가능한 물리적 세계에 영향을 줄 수 있을까? 전혀 다른 두 영역이 서로에게 영향을 미칠 수 있을까?

캠핑 주최자가 준비해 온 음식을 바라보면 쉽게 알 수 있다. 인간의 몸은 식탁 위에 놓인 과일, 감자칩, 고기, 음료와는 전혀 다르다는 사실을. 그러니 이런 음식들은 우리 몸에 긍정적·부정적으로 모두 영향을 줄 수밖에 없다. 예를 들어 내가 이 감자칩을 혼자 다 먹어버린다면… 음, 몇 킬로그램은 거뜬히 불어날 것이다!

데카르트는 두 개의 분리된 상태가 서로 영향을 줄 수 있다고 믿으며, 의식이 중요한 요소라고 주장했다. 우리가 관측과 분석할 것을 선택하고 수행하는 능력에 의해, 우리는 우리가 실제로 살아 있고 우리의 신체를 제어하는 것을 안다. 비록 데카르트가 정신이 신체에 영향을 주고 그 반대도 마찬가지라는 점에는 동의했지만, 데카르트는 현실과 정신에 대해 꽤 그럴듯한 논증을 형식화할 수 있었다. 데카르트는 17세기 철학자라서 양자물리학을 몰랐다. 그의 사망 후에 새로운 위대한 사상가, 아이작 뉴턴 경이 무대에 등장한다.

뉴턴의 연구를 바탕으로 수많은 과학자와 발명가들은 유럽과 전 세계를 바꿔 냈다. 그러는 동안, 그리고 지금까지도 '현실이 어떻게 구성돼 있는가?'라는 질문에 대한 다양한 해석이 논쟁의 중심에 있다. 현실은 단지 화학 반응의 산물일 뿐일까? 인간은 정말 영혼을 가지고 있을까? 우리의 모든 행동은 수천 년 동안 진화해 온 직감의 산물일 뿐일까?

이 모든 질문은 대체로 두 부류로 나뉜다. 정신이 단지 신체의 화학적 과정이 만들어 낸 산출물일 뿐이라는 견해와, 정신이 더 신비로운 영적인 세계에 연결됐다는 견해다. 양자물리학, 특히 양자얽힘과 끌어당김의 법칙은 이 논쟁에 강력하게 개입하게 됐다. 어떤 면에서 양자물리학은 논쟁을 좀 더 복잡하게 만들었지만, 그 성과는 기존의 개념을 잘못 알았음을 확인시켜 줄 뿐이었다. 어쩌면 정신은 이전에 생각했던 것보다 우주에 더 많은 영향력을 가질 수도 있으며, 동시에 우주의 구조와 더 깊이 얽혀 있을 수도 있다.

양자얽힘에서, 입자는 비록 분리돼 있어도 서로 영향을 미치는 것으로 보인다. 아인슈타인은 객관성과 측정 능력이 보존되기를 희망했는데, 이는 의학과 같은 대부분의 실용적 과학 분야에서 필요한 능력이다. 하지만 보어와 그의 동료들이 구성한 코펜하겐 해석은 자신들의 연구실 실험 결과가 현실이 관측에 의해 구성된다는 것을 증명했다고 주장했다. 비록 이 현상에 대한 과학적 이유는 설명되지 않았지만, 그런 일은 관측이라는 행위가 세계를 구성한다고 해도 발생한다.

이 혁신적인 발견이 알려지자 다른 과학자들과 철학자들은 새로운 가능성을 떠올렸다. 어쩌면 우리의 정신 또한 우주와 같은 파동을 공유하기 때문에 우리의 인식과 의도가 세계를 구성하는 과정에 개입할 수 있는 것 아닐까? 양자역학의 이러한 확장은 몇몇 철학자와 신비주의자들에게 현실과 의식을 설명하는 새로운 접근법을 낳았다. 그리고 바로 여기에서, 이른바 '끌어당김의 법칙'이라는 개념이 등장하게 된다.

### 끌어당김의 법칙

끌어당김의 법칙에 따르면 우리가 어떤 것에 집중하든 그것은 우리 삶에 등장할 것이라고 한다. 우리가 성공과 긍정성에 집중한다면, 꿈과 목표를 추구하면서 그것을 현실로 만들어 낼 수 있다는 것이다. 반대로 누군가가 부정적인 생각과 실패에만 사로잡혀 있다면, 그런 상태는 결국 자기충족적 예언처럼 실제 상황으로 나타날 수 있다.

양자물리학은 아무것도 고정돼 있지 않으며, 관측되기 전에는 어떤 것도 확정되지 않는다는 사실을 드러냈다. 현실은 관측을 통해서만 정의되며, 그전까지는 가능성의 상태로 존재한다. 그렇다면 '관측'이라는 행위를 통해 만들어지는 에너지가 가득한 세계에서, 일부 사람들이 이 에너지를 자신들의 삶에 적용하려 한다는 것도 이상한 일은 아니다. 우리의 정신을 이러한 잠재력에 활용한다면, 우리는 주변 세계를 단순히 받아들이는 것이 아니라, 생각과 의도, 열정으로 삶의 방향을 바꿀 수도 있다. 우주의 흐름을 그대로 따르는 대신, 우리가 보고 싶은 세계를 직접 만들어 낼 수 있다는 뜻이다.

우리는 우주의 일부분이며, 에너지이고, 에너지로 둘러싸여 있다. 우리는 생각할 수 있고, 단지 생존이 아니라 더 긍정적이고 행복한 삶을 바라본다. 유연성과 에너지, 잠재력으로 가득한 세계에서 우리가 우리 자신과 세상을 어떻게 바라보느냐는 앞으로의 행복, 건강, 성공을 결정짓는 힘이 될 수 있다.

이 이야기가 사실이라기엔 너무 좋아 보이지 않는가? 코펜하겐 해석의 수준에서 보자면 이런 생각은 다소 터무니없이 느껴질 수도 있다. 아인슈타인과 슈뢰딩거조차 현실의 근본적 구성 요소가 단지 '관측'이라는 주관적 행위를 통해서만 만들어지는지를 두고 치열하게 논쟁했으니, 일반 사람들이 이런 가능성을 받아들이기 어려워하는 것도 이해할 수 있다. 게다가 우리 모두 더 좋은 집, 더 좋은 차를 바랐던 순간들이 있는데… 그런 것들이 어느 날 갑자기 공기에서 뚝 떨어져 나타난 적은 없지 않은가?

이 점에서 끌어당김의 법칙을 믿는 사람들은 이렇게 반박한다. 우리가 원하는 삶을 이뤄 내지 못하는 이유는 능력이 없어서가 아니라, 우리가 배운 방식, 집중하는 방식, 혹은 잘못된 정보에 영향을 받고 있기 때문이라는 것이다. 우선 많은 사람이 자신의 선택이 왜 그런 결과를 낳는지, 무엇이 진짜 문제인지 모른 채 살아간다. 하지만 양자적 가능성의 관점에서 세상을 이해할 수 있는 적절한 교육과 통찰이 있다면, 우리는 스스로가 훨씬 더 유리한 위치에 설 수 있다. 직장을 구한다고 가정해 보자. 그 직업을 단지 경력의 다음 단계로 가는 디딤돌로만 보지 말고, 그 순간부터 무수한 가능성의 나뭇가지들이 뻗어나가기 시작했다는 사실을 인식하는 것이다. 야구 경기에서처럼 수많은 서로 다른 세계가 존재하고, 그중 어떤 가지가 "내가 경험할 미래"가 될지를 선택하는 과정이 시작된다.

이 세계가 에너지와 가능성으로 이뤄져 있다는 사실을 이해하는 것, 바로 이것이 끌어당김의 법칙을 제대로 활용하기 위한 첫 번째 단계다.

그렇다면 집중의 문제가 생긴다. 많은 사람이 살아가면서 자신이 경험하는 모든 것이 통제를 벗어났다고 생각하곤 한다. 하지만 당신이 자신의 세계에 영향을 줄 수 있다고 믿기 시작한다면 집중력은 더욱 또렷해지고, 꿈과 목표에 도달하는 과정도 한결 수월해질 수 있다. 직업을 찾는 상황이라면, 단순히 선택지에 우선순위를 매기며 "내가 뭘 할 수 있지?"에만 머무르기보다, 앞으로 어떤 삶을 살고 싶은지, 어떤 직업이 그 삶에 가까워지도록 도와줄지를 스스로에게 묻게 될 것이다. 자신의 선택이 중요하다는 사실을 깨닫는 순간, 더 좋은 선택을 향해 나아갈 용기와 에너지도 자연스럽게 생겨난다.

여기서 한 가지 중요한 점은, 당신 자신이나 주변 사람들에게서 비롯된 틀린 확신이 실제 문제일 수 있다는 것이다. 한 번의 부정적인 경험, 혹은 잘못 전달된 정보 하나가 우리에게 왜곡된 생각을 심어 주고, 그 생각은 엉뚱하게도 다른 상황들에까지 확대될 수 있다. 그렇게 굳어진 믿음은 시간이 지나며 자신을 '증명'하려고 들고, 결국 처음의 작은 부정적 경험을 다시 확인하는 결과를 낳는다.

직업 선택의 상황으로 돌아가 보자. 당신이 한 불행한 배관공의 이야기를 들었다고 해 보자. 이 사람은 어린 시절 아버지가 기술직 때문에 힘들었다고 느꼈을 수도 있다. 아니면 누군가가 기술직에 대해 부정적인 말을 하는 것을 우연히 듣고 그 말이 머릿속에 남았을 수도 있다. 그러면 당신은 취업 공고를 볼 때 현재의 당신에게 전혀 적용되지 않을 정보나 막연한 두려움 때문에 좋은 기회들을 스스로 지워버리기 시작할 수 있다. 장기적인 공포와 불안은 이처럼 잘못된 기대와 투사에 의해 반복적으로 강화되면서 만들어진다.

이 모든 것이 어쩐지 희망적으로 들리지 않는가? 많은 사람이 이 아이디어를 쉽게 받아들이는 이유도 여기에 있다. 물론 양자역학 자체는 끌어당김의 법칙에 분명 한계가 있다고 말한다. 하지만 당신의 삶에 끌어당김의 법칙을 적용하는 방법은 다양하며, 대부분의 사람은 그 과정 속에서 적극적인 행동, 실질적인 노력, 그리고 꾸준한 시간과 에너지가 필요하다는 데 동의한다. 이제 현실화가 실제로 어떻게 작동하는지, 조금 더 자세히 살펴보자.

## 현실화의 기술

사람들이 자기 자신에게 주문을 외우듯 말을 반복하는 모습을 본 적이 있는가? 혹은 숫자를 계속 적어 내려가는 사람, 혹은 조용히 앉아 명상하는 사람을 본 적이 있을지도 모른다. 이 모든 것이 바로 '드러남 혹은 현실화manifestation, 顯現'의 한 형태다. 현실화는 당신 주변 우주의 잠재적 에너지에 접속하는 연습이다. 이것은 긍정적이고 영양가 있는 에너지에 의해 당신이 원하는 것을 얻도록 마음을 재설정하는 방법이다.

특정 종교를 믿든 믿지 않든, 현실화는 종종 마음을 정리하고 원하는 것에 집중하는 기법으로 사용된다. 일부 사람들은 숫자를 신성시하기 때문에 자신에게 반복적으로 말하거나 일기장에 구체적인 숫자를 적어 나간다. 다른 사람은 긍정적인 확언이나 영감을 주는 인용구가 현실화 명상에서 도움이 된다고 생각한다. 최근 몇 년 동안 현실화에 관한 더 많은 자료가 증가했고, 우주를 바라보는 새로운 방식에 열린 마음을 가진 사람들에 의해 의심할 여지없이 강화되는 중이다.

모든 전문가가 현실화를 '원하는 것을 얻는 방법'으로 보지는 않는다. 그 대신 그들은 드러남을 긍정성을 대체하고 다시 얻어내는 정신적 방법이라고 본다. 과거의 부정적인 것과 상처받은 것에 집중하는 대신 건강한 변화를 위한 에너지를 얻기 위해 사람들은 현실화와 긍정성에 초점을 맞춘 심리학적 기법을 사용하기도 한다. 예상과 달리 현실화는 측정할 수 없는 신비한 요소에만 의존하지 않는다. 오히려 인간의 심리와 행동에서 밝혀진 패턴 위에 기반한 기법이다.

확실히 해 둘 것은 현실화와 끌어당김의 법칙이 현실에 대한 탐욕스럽고 건강하지 않은 관점의 원치 않는 요소들도 끌어당겼다는 점이다. 그러나 끌어당김의 법칙이 전반적으로 양자적 관점에서 출발한다면, 그 핵심은 단순하다. 과거와 현재의 경험이 미래의 가능성을 고정시키지 않는다는 것이다. 많은 사람에게 이 이론과 아이디어는 긍정성과 자기 확신을 주는 원천이 될 수 있다. 다만 기억해야 할 점이 있다. 양자물리학, 우리가 사는 거시세계, 그리고 끌어당김의 법칙은 서로 반드시 완벽히 일치할 필요가 없다는 사실이다.

## 현실이 된 꿈과 목표

아인슈타인이 양자얽힘의 퍼즐을 마주했을 때 그는 포기하지 않았다. 그가 만들어 낸 숨은 변수 이론이 만족스럽진 않았지만, 아인슈타인은 진실을 추구하며 연구했다. 아인슈타인은 자신의 목표 또는 심지어 현실의 문제의 해결을 바라볼 수 없을 지도 몰랐지만, 남은 생애 동안 "모든 것의 이론"을 계속 연구했다. 어떤 면에서 아인슈타인이 최종적인 답에 도달하지 못했더라도, 그가 걸어간 여정 자체가 이후 과학계에 엄청난 가치를 남겼다고 할 수 있다.

아인슈타인을 곤란케 하고 여전히 오늘날의 양자물리학자들을 난감하게 하는 핵심 문제는 미시적 수준의 입자 거동을 거시적 수준에서는 볼 수 없다는 사실이다. 입자 파동이 관측될 때 입자로 붕괴하기는 하지만, 우리는 이 붕괴를 큰 규모에서는 보지 못한다. 게다가 아인슈타인의 상대성이론에 의해 묘사된 특성은 그것이 양자 세계로 왔을 때는 분리된다. 비록 특수 상대성이론이 아원자 입자 파동과는 잘 작동하지만, 일반 상대성이론은 그렇지 않다. 하지만 일반 상대성이론은 거시적 세계에서 확실히 증명 가능하고, 미시적 양자 세계는 입자보다 큰 물체에 대해서는 확인할 수 없다.

거시적 세계와 미시적 세계, 이 두 세계는 서로 나란히 작동하는 것처럼 보이지만, 둘 중 어느 것도 단독으로 전체를 설명할 수 없다. 결과적으로 "모든 것의 이론"을 추구하는 것은 어려움의 연속이다. 이것은 또한 과학적으로 말해서 미시적 법칙이 거시적 수준에서도 작동한다는 확실한 증거가 없었다는 뜻이기도 하다. 파동 입자가 관측 전에는 두 상태에 모두 존재하는 것처럼 보이고, 얽혔을 때는 엄청난 거리에 걸쳐 서로에게 즉시 영향을 미치는 것처럼 보이지만, 이런 현상들은 더 큰 세계에는 전혀 나타나지 않는다.

얽힘 과정에서 실제로 어떤 일이 일어나는지를 잘못 이해하도록 만드는 또 다른 근본적 문제가 있다. 끌어당김의 법칙을 주장하는 일부 철학자와 연설가는 양자얽힘을 자석과 비교한다. 외부에서 보면 자석은 서로 끌어당기기 때문에, 겉보기에는 단순해 보이고 긍정의 힘을 설명하는 데 훌륭한 비유처럼 느껴진다.

하지만 과학자들은 이것이 서로를 끌어당기는 자석의 음극과 양극의 전하가 커지는 전자기력 때문이라고 이해한다. 입자들은 서로 거울상이면서도 서로 영향을 미치기도 한다. 앞서 언급했듯이 만약 입자가 업 스핀으로 관측됐다면 얽힌 짝이 같은 방식으로 측정될 때 그 입자는 항상 다운 스핀으로 관측될 것이다. 이것은 양자역학에서 유사한 것들이 서로를 끌어당긴다는 법칙이 아니라, 우리가 어떻게 입자를 측정하느냐에 따라 결과의 확률과 패턴이 달라진다는 사실을 보여 주는 과학적 이론이다.

여전히 코펜하겐 해석은 현실과 의식이 어떻게 상호작용하는지에 관한 혁명적 토론을 시작할 수 있는 문을 열어두고 있다. 만약 전체 우주가 관찰자에 의해서만 형성된 에너지 흐름의 상태에 있다면, 우리가 보고 싶은 미래를 적극적으로 고르기 위해 우리의 선택이 중요해진다. 우리의 집중과 에너지의 방향을 바꾸면 수많은 가능성의 세계가 더 명확하게 연결되며 풍요와 성공의 길이 열릴 수도 있다. 하지만 양자물리학은 당신 주변에 존재하는 파동과 외부 세계의 실질적 영향을 무시하지 않는다. 관찰자 효과의 진짜 교훈은 우리의 외부 세계가 우리의 집중과 성공에 우리의 의지력만큼이나 영향을 준다는 점이다. 결과적으로 아인슈타인과 오늘날의 양자물리학자들처럼 우리는 우리가 보는 세계뿐만 아니라 아직 보지 못한 세계에도 기반을 두려고 시도해야만 한다.

지금 이 순간, 당신은 이 핫도그를 먹을 수 있다. 현실이 무엇인지 고민하는 동안에도 우리는 여전히 이 캠핑을 즐기고 있다. 우리의 경험은 우리가 어떻게 해석하고 구성하느냐에 따라 의미가 만들어진다. 그러니 좋은 시간을 보내는 데 집중하자. 머리 위에서 반짝이는 별들과 마찬가지로, 양자 세계와 얽힘, 끌어당김의 법칙의 신비는 여전히 우리에게 탐구할 가치가 있는 끝없는 연구의 장을 남겨 두고 있다.

# 8장

# 양자물리학의 인과율

"시간의 화살에 관해 이상한 점은, 그 뒤에 숨은 물리 법칙이 아직 밝혀지지 않았다는 사실이다. 정확히 말하면 그런 법칙은 존재하지 않는다. 따라서 시간의 흐름은 우리가 관측하는 우주 전체의 특징일 뿐, 개별 입자에 적용되는 물리 법칙의 성질은 아니다."

션 캐롤(Sean Carroll)

한 소녀가 손에 공을 들고 모래사장을 가로질러 달려간다. 친구에게 공을 던지는 순간 물이 튀어 오르고, 소녀는 어느새 흠뻑 젖는다. 주변 사람들 역시 튀는 물을 피하려 몸을 움츠릴 것이다. 소녀의 친구들은 공을 더 멀리 던지고, 공은 물 위에 떠서 천천히 해변 쪽으로 밀려오다 결국 누군가의 손에 잡히게 된다. 물 위에서 벌어지는 인과율의 폴로 경기가 시작된 셈이다. 이 경기는 정말 재미있어 보인다. 만약 우리가 경기 해설자였다면 청취자들도 경기를 즐길 수 있을 것이다. 옆에서 그 장면을 본다면 삶에서 경험한 가장 친숙한 패턴 중 하나인 "시간의 흐름"이 당연한 것처럼 보인다. 시간은 과거에서 현재를 거쳐 미래로 흐르며 끝이 없는 것처럼 보인다. 시간은 또한 돌에 새겨진 사건들을 순서대로 이해하게 해 준다. 만약 그 소녀가 호수에서 물을 튀기지 않았다면 친구들은 얼굴에 물을 맞지 않았을 것이다. 만약 그 소녀가 친구에게 공을 던지지 않았다면 그 친구는 공을 잡을 수가 없었을 것이다. 이런 방식으로 우리는 원인과 결과가 실제로 우리의 세계와 우리가 상호작용하는 방법에 대해 영향을 미친다고 말할 수 있다.

원인과 결과가 없으면 우리는 자연에서 날씨 같은 패턴을 예측할 수 없고, 범죄를 알아낼 수도 없으며, 역사를 분석할 수도 없다. 우리는 연구와 분석을 포함해 질서와 보안에 있어 인과율의 패턴에 의존하기 때문에, 아인슈타인과 같은 많은 고전물리학자는 양자 세계가 분명한 과거나 미래를 갖지 않는다는 현실에 동의하지 않았다. 중첩과 입자–파동 이중성만으로도 충분히 혼란스러운데, 얽힘까지 등장하면 불확정성은 더 깊어진다. 그렇다면 우리가 당연하게 여기는 시간에 대한 상식은 과연 여전히 상식일까?

## 시간의 화살

어젯밤, 우리는 호수를 가로질러 돌을 던졌다. 오늘은 호숫가에서 수영하는 사람이 물보라를 일으키는 걸 봤다. 두 경우 모두 돌이 만든 물결과 소녀가 물에 뛰어든 순간은 결코 되돌릴 수 없다. 이런 움직임은 화살처럼 시간과 공간 속에서 단 한 방향으로만 흐른다. 우리는 모두 시간이 흘러 늙어가기에 시간을 자연스럽게 알고 있지만, 막상 깊이 생각하면 시간이라는 개념은 점점 더 이상해진다. 예를 들어 차는 앞으로 나아가다가도 다시 후진할 수 있다. 하지만 케이크 굽기, 돌 던지기, 물에 뛰어들기처럼 일어난 일을 그대로 되돌리는 것은 불가능하다.

영국 천문학자 아서 에딩턴Arthur Eddington은 1928년에 시간이 비대칭적이라고 결론지었다. 시간은 한 방향으로만 흐르며, 과거와 미래 사이에 균형을 만들 수 없다. 그는 시간이 열역학 제2법칙, 즉 엔트로피의 법칙을 통해 가장 잘 이해된다고 봤다.

엔트로피는 에너지가 전달되거나 변환될 때 어떻게 손실되는지 설명한다. 추운 날, 당신은 손을 녹이고 싶어 뜨거운 핫초콜릿을 마실 수 있다. 하지만 시간이 지나면 머그컵과 음료의 열(높은 에너지)은 손과 공기 속으로 흘러가고, 금세 대기의 차가운 공기에 흡수된다. 이때 다시 음료를 뜨겁게 만들 방법은 외부에서 새로운 열을 공급하는 것뿐이다.

음료가 열을 잃어가듯이 비가역적인 계에서는 엔트로피가 증가하며 많은 경우 과정을 되돌릴 수 없다. 예를 들면, 익힌 계란을 다시 생계란으로 되돌릴 수 없다. 어떤 일을 수행하는 과정은 에너지를 소모하고, 그 결과 열역학적 과정은 엔트로피가 증가하는 방향으로 진행된다. 물체는 질서에서 무질서로 향한다.

거시적 수준에서 우리는 이것을 매일 본다. 시간이 흐르면 음식은 상한다. 사이다는 김이 빠져 밋밋해지고, 옷은 닳는다. 자동차는 녹슨다. 물건들이 이렇게 나이가 들거나 나빠지는 경향은 엔트로피와 시간의 연관성에 대해 생각하는 쉬운 방법이다.

과학적으로 말하면 미시적 수준에서 에딩턴의 연구는 우주의 생성과 죽음에 대해 논의를 시작하게 했다. 빅뱅 초기의 우주는 극도로 작고 정돈된 상태였으며, 거의 에너지 낭비가 없었다. 그러나 우주가 팽창하기 시작하면서 엔트로피는 증가할 수밖에 없었다.

에딩턴의 질문에 힘입어 과학자와 물리학자들은 엔트로피, 시간, 물리학에 대해서도 생각하기 시작했다. 이것은 많은 과학자를 양자 세계에서 찾을 수 있는 인과율을 둘러싼 문제를 생각하게 이끌었다.

## 양자 인과율

입자의 파동함수가 붕괴되기 전, 그 입자는 과연 어떤 상태였을까? 측정 이전의 입자는 업 스핀인가, 다운 스핀인가, 아니면 두 상태를 동시에 가지고 있었던 것일까? 얽힌 두 전자에서 이쪽 전자를 측정했을 때, 저쪽 전자는 동시에 바뀐다. 우리의 측정이 입자에 변화를 일으켰을까? 아니면 얽힌 입자가 측정을 유발했을까? 양자얽힘과 중첩 현상은 인과율과 시간에 대한 우리의 생각을 어떻게 바꿀까?

최근 이론과 과학적 가설에 따르면 중첩 상태에 있는 양자계는 '양자 스위치'라는 개념이 정해진다. 이 개념에서는 입자 A가 입자 B에게 영향을 주거나 그 반대의 경우로 인과관계를 단순히 규정할 수 없다. 대신 두 입자 간의 인과관계 자체가 중첩 상태에 존재한다는 것이다. 예를 들어 식당을 떠올려보자. 우리는 주변에 중국 음식점이 늘어나고 있기 때문에 더 많은 사람이 중국 음식을 먹는다고 말할 수 있다. 동시에 중국 음식에 대한 수요가 늘어나면서 사람들이 중국 음식점에 더 자주 가기 때문에 주변에서 중국 음식점이 늘어난다고 말할 수 있다. 핵심은 닭이 먼저인가 달걀이 먼저인가를 명확히 구분하기 어렵다는 점이다.

역인과율retrocausality이란 무엇일까? '역retro'이라는 접두어는 '그 뒤에', '뒤로', '그 이전'과 같은 뜻이다. 인과율causality은 앞선 사건이 나중 사건의 원인이라는 뜻이다. 합쳐서 이 두 개념은 역인과율이라는 혁신적인 물리 개념을 구성한다. 이것은 미래가 과거에 영향을 줄 수 있는 가능성을 나타내는데, 이러한 현상은 앞서 말했듯이 중첩과 얽힘을 사용해서 가능하다. 어쨌든 아인슈타인의 "섬찟한 원격 작용"은 사실 관찰자의 결정에 따라 서로에게 영향을 주는 얽힌 입자를 포함한다. 이것은 실제로 과거로 여행할 수 있다는 뜻은 아니다. 그보다는 신호가 입자 사이에서만 과거로 전달될 수 있다는 뜻이다.

어떤 과학자들은 역인과율이 시간, 적어도 양자 수준에서는 대칭적이고 가역적일 수 있음을 의미할 수 있다. 에딩턴의 시간의 화살은 무시되지 않을 것이다. 그 까닭은 거시적 수준에서 시간이 열역학 법칙에 묶여 있고 특수한 경계 조건을 고려해야만 하기 때문이다. 결과적으로 양자적 역인과율은 중첩이나 입자-파동 이중성이 우리 일상생활에서 볼 수 없는 것처럼, 다른 양자 상태와 마찬가지로 거시적 세계에는 영향을 줄 수 없다.

다른 과학자들은 중력이 시간과 인과율을 뒤섞는 데 영향을 줄 수 있다고 주장한다. 예를 들어 블랙홀blackhole 근처에서는 시간이 느리게 흐르는 것으로 보이는데, 이를 시간 지연time dilation이라고 한다. 이 시간 지연은 양자 수준에서도 작용할 가능성이 있다. 특정한 상황에서는 시간이 뒤틀리면서 입자 한쪽에서는 시간이 더 빠르게 흐르는 것처럼 보일 수도 있다는 것이다. 다만 이것이 실제로 가능한지는 아직 명확히 증명되지 않았다.

최근 사고 실험은 거대한 행성이나 블랙홀의 중력이 거시적 수준에서 시간 지연을 일으킬 수 있고, 어떤 수준에서는 원인과 결과를 뒤집을 수도 있다고 제안한다. 우주선 사이의 통신은 중력 때문에 생긴 시간 이동 때문에 겹칠 수도 있다. 이러한 시나리오가 실험실에서 입증되고 재현된다면, 양자 컴퓨터처럼 양자물리학의 다양한 응용 분야에서 속도와 효율을 증대시킬 수도 있다. 그래서 과학자들은 이 문제를 현대 양자물리학의 새로운 탐구 영역으로 여긴다.

### 역인과율의 꿈

아이스크림콘을 모래에 떨어뜨리거나 피부를 태양에 너무 태웠다면 당신은 시간을 거슬러 올라가서 뭔가를 바꾸고 싶을 것이다. 시간 여행이라는 개념은 본질적으로 철학적인 아이디어이고, 그래서 시간 여행이 가능할 경우의 위험과 가능성을 다룬 영화와 책이 수없이 만들어졌다. 당신은 과거로 가고 싶은가? 아니면 미지의 미래를 향해 앞으로 가고 싶은가? 이는 매력적인 질문이며 확실히 좋은 이야깃거리다.

그렇다면 시간 여행은 가능할까? 결론부터 말하자면 현실적으로는 불가능하다. 과거로 가기 위해서는 빛보다 빠르게 이동해야 하는데, 속도가 증가할수록 질량이 증가하기 때문에 빛의 속도에 도달하는 것조차 물리적으로 불가능하다. 게다가 속도가 극단적으로 높아지면 공간 자체가 수축해, 말 그대로 당신은 팬케이크처럼 눌려 버릴 것이다!

하지만 양자 수준에서는 과거에 영향을 주는 현상이 양자물리학에서 가장 흥미로운 가능성 중 하나로 여겨지고 있다. 과학자들이 계속해서 양자 입자를 실험하고 기술적 능력이 발전함에 따라, 언젠가는 우리가 알고 있는 '직선적 시간 흐름'이 뒤집힐 가능성도 완전히 배제할 수 없다.

그날이 오기 전까지는, 우리는 양자역학을 활용해 기술과 과학 도구를 더 발전시키고, 이 기묘하고 신비로운 양자의 세계를 더욱 쉽게 탐구할 방법을 찾아가야 한다.

# 9장

# 섬찟한 양자역학의 쓸모

"가끔 사람들은 말한다. '더 좋게 할 수 있을까? 더 좋은 텔레비전을 살 수 있을까? 더 좋은 인터넷 회선을 쓸 수 있을까?' 음, 어떤 관점에서는, 그렇다. […] 하지만 내가 당신에게 비밀을 하나 알려주겠다. 우리 물리학자들은 더 좋은 컬러 텔레비전 때문에 이 일을 하고 있진 않다. 그건 보너스다. 우리는 우주에서 우리의 역할과 우리의 장소를 이해하고 싶기 때문에 이 일을 한다."

미치오 카쿠(Michio Kaku)

우리의 조상들이 집단으로 이동하던 시절, 사람들은 언젠가 누군가가 미래의 모험을 위해 텐트에서 잠들게 될 거라고는 상상하지 못했을 것이다. 하지만 오늘 밤의 우리처럼, 그들도 밤하늘을 올려다보며 그 너머에 무엇이 있는지 궁금해했을 것이다. 왜 별들은 그렇게 오래 하늘을 건너오는 걸까? 왜 태양은 떠오르고 달은 지는 걸까? 별들의 무리가 하나의 모양을 만드는 것처럼 보이진 않을까? 우리는 오늘날 이 질문들에 대한 답을 알고 있지만, 밤하늘이 주는 경이로움은 여전히 남아 있다. 오늘날 아이들은 야광 스티커로 자신이 좋아하는 별자리를 만들기도 한다.

당신은 야광 장난감과 야광 스티커가 양자역학을 기술에 적용한 결과라는 것을 아는가? 형광flourescence과 인광phosphorescence의 연구는 원소가 가질 수 있는 다양한 상태에 대한 양자물리학자들의 지식을 이끌어 냈다. 인광의 경우, 어떤 원소의 전자가 자극을 받으면 스핀이 바뀌면서 빛을 내게 된다. 물질에 따라 이 변화는 시간이 지나며 천천히 사라진다.

천장에 붙이는 별 스티커 같은 야광 물체는 빛의 에너지에 민감하다. 일단 전자가 '들뜨면(즉 그 스핀 상태가 바뀌면)', 전자는 자신의 인광을 방출할 때까지 시간이 걸린다. 이 모든 사건은 흥미로운 양자물리학으로 이뤄진 세상이기 때문에 벌어진다!

## 양자역학의 응용

지금까지 양자역학에 대해 많은 것을 배웠지만, 이 과학 분야가 실제로는 여전히 비현실적으로 느껴질 수 있다. 양자물리학자들은 관측되기 전에 입자 파동의 상태를 이론적으로만 말할 수 있을 뿐이고, 관측할 때 그 이상의 정보는 잃어버리기 때문이다. 또한 현재 단계에서 물리학자들은 그들이 알아낸 것을 관측하고 측정할 수 있는 것만 관찰할 수 있지만, 예측 가능한 것은 얽힌 입자의 반응과 같은 겨우 몇 가지에 불과하다. 그럼에도 관측 후 입자의 정확한 상태는 알 수 없다. 입자가 측정된 뒤 어느 순간 회전하고 있는 것처럼 보이더라도, 그 입자는 결국 다시 입자-파동 상태로 돌아간다. 심지어 어떤 입자의 붕괴조차 완전히 무작위로 일어난다!
양자물리학은 그 확률과 검증 불가능한 가능성에도 불구하고 이미 우리의 삶을 향상시키고 훨씬 전보다 더 높고 더 효율적인 수준의 기술에 영향을 미치고 있다. 생물학, 공학, 컴퓨터과학에 양자역학을 적용하면서 새로운 혁신들이 등장했고, 앞으로도 계속해서 발견될 것이다.

### 생물의 양자 나침반

캠핑을 갈 때 가장 주의해야 하는 것 중 하나는 길을 잃는 것이다. 야외에서는 휴대폰 신호가 잘 안 잡히고, 사람들이 방향 감각을 잃고 쉽게 헤매게 되기 때문이다. 과거 우리 조상들의 시대나 그 이전에는 자신이 어느 방향으로 가는지 파악하는 나름의 방법이 있었다. 하지만 오늘날 우리는 기술에 크게 의존하다 보니 지리적 감각이 한층 둔해졌다. 반면 다른 동물들은 경험과 본능을 결합해 방향을 이해한다.

소리가 들리는가? 저 멀리를 보라. 기러기 떼가 남쪽으로 날아가며 V자 대형을 이루는 모습은 이제 익숙할 것이다. 여름이 끝나 갈 즈음이면 동물의 왕국은 이미 연례 이주를 시작한다. 많은 사람은 왜 특정 대형 포유류가 해마다 옛 사냥터로 되돌아올 수 있는지 이해한다. 그들의 더 큰 뇌 용량은 이주가 본능과 학습된 경로의 조합이라는 생각을 뒷받침해 왔다. 하지만 새는 사정이 다르다. 새는 어떻게 정확한 방향을 알고 날아가는 걸까? 어쩌면 우리 하늘을 가르는 작은 친구들이 양자얽힘에 대해 한두 가지쯤 알고 있는 것은 아닐까?

지금까지 양자얽힘은 단지 실험실에서만 관찰할 수 있었다. 이는 우리가 무작위적인 입자 파동을 관측할 때에만 얽힘 여부를 확인할 수 있고, 관측 범위를 벗어난 얽힌 입자에 대해서는 한 입자가 다른 입자의 상태에 영향을 받았는지 알 도리가 없기 때문이다. 따라서 양자얽힘을 확인하려면 반드시 거울이나 광자 분할기를 이용해 인위적으로 얽힘을 만들어 내야 한다. 이는 쉬운 일이 아니다.

각 방향의 차이를 알아내는 새의 능력은 양자역학에 의존하는 생물학적 나침반 때문일 수도 있다. 어떤 과학자들은 새들의 부리에 자성을 띤 광물이 있어서 지구 주변의 자기장을 감지하는 데 도움이 된다고 믿는다. 이로 인해 새들은 이동을 위해 자기장의 방향을 따라 목표를 잡을 수 있다는 것이다. 한편, 다른 과학자는 새의 눈에서 발견된 단백질이 얽힌 광자를 보는 데 핵심적 역할을 할 수 있다고 믿는다.

새의 눈에는 크립토크롬cryptochrome이라는 민감한 단백질이 있어, 눈에 들어오는 광자로부터 정보를 받아들인다. 새들이 주변을 둘러보면서, 광자는 이 단백질에 충돌하며 새의 눈 속에 있는 얽힌 전자를 자극한다. 이로 인해 얽힌 라디칼을 인식할 수 있으며, 이를 보고 따라가야 할 자기장 지도를 형성한다. 이것이 사실이라면 지구를 둘러싼 전자기장의 양자역학적 작용이 생물학적 나침반의 핵심일 가능성이 있다는 뜻이다.

곤충, 도마뱀, 포유류와 같은 다른 동물들도 이런 크립토크롬 단백질을 가질 수 있다. 파리도 같은 단백질을 가지고 있으며, 파리의 크립토크롬 단백질의 유전적인 구성이 인간의 눈에서도 발견됐다. 그러나 인간도 지구 자기장을 감지할 수 있는지에 대해 들뜨기 전에, 과학자들은 이것이 인간에게 실제 기능으로 남아 있는지조차 확신하지 못한다. 어쩌면 인류는 아주 먼 과거에는 이주를 위해 그런 능력이 필요했을지 모르지만, 지금 우리는 이동을 위해 양자역학의 전혀 다른 응용 기술에 기대고 있다.

## 레이저와 홀로그램

내 열쇠고리에 달린 레이저 포인터를 살펴보겠다. 나는 이것을 내 고양이와 놀아줄 때나 칠판에 강의할 때 특정 부분을 강조하기 위해 사용한다. 레이저는 이제 우리 주변 어디에나 있고, 정말 편리한 도구다. 많은 공상과학 팬은 〈스타워즈Star Wars〉 영화 덕분에 실제로 작동하는 광선검lgithsaber을 떠올릴지도 모르지만, 레이저 개발에서 양자역학이 중요한 역할을 했다는 사실을 모르는 사람이 많다.

아인슈타인이 1917년 레이저 발명의 몇 가지 핵심 아이디어를 처음 제안했다. 아인슈타인은 복사의 양자이론이 제어된 빛을 만드는 기술에 적용될 수도 있다고 믿었다. 이것은 "복사의 유도 방출에 의한 빛의 증폭Light Amplification by Stimulated Emission of Radiation, 줄여서 레이저LASER라고 알려졌다.

1960년대, 처음으로 작동하는 레이저가 세상에 등장했다. 그 경쟁에서 가장 먼저 성공한 사람은 시어도어 메이먼이었다.
그 이후 레이저는 다양한 기술 혁신과 응용 분야에서 활용됐다. 레이저 덕분에 우리는 지형을 더 쉽게 조사하고, 바코드나 카드 결제를 간단히 수행하며, 재고를 빠르게 관리할 수 있게 됐다. 비디오 게임기, 프린터, 마트의 스캐너 같은 컴퓨터 기술도 레이저를 기반으로 정보를 저장하고 읽고 표시한다. 오늘날 저출력 레이저는 고양이 장난감이나 발표용 포인터처럼 쓰이지만 고출력 레이저는 의료, 천문학, 과학 장비에 활용된다. 기술적으로 말하면, 이런 장치들은 모두 양자 세계의 원리를 기반으로 작동한다.
오늘날 빛과 레이저의 가장 놀라운 활용 사례는 지하에 매설된 광섬유 케이블에서 볼 수 있다. 정보를 전송할 때 빛을 사용하면 양자역학적 원리가 인터넷을 강력하게 만들어준다. 빛을 광섬유 케이블 안으로 보내면, 정보는 일반 케이블보다 훨씬 빠르게 전달된다. 영토가 넓은 국가들의 경우 전 지역에 이러한 서비스를 제공하기 어려울 수 있지만 대한민국과 같은 나라들은 양자 기반 기술에 힘입어 국토의 끝에서 끝까지 초고속 인터넷을 즐길 수 있다.
레이저의 가능성은 여기서 끝이 아니다. 앞으로 과학자들이 서로 교차하는 레이저 빔을 안정적으로 통제하게 된다면, 그 빛으로 실제 홀로그램을 만들어 낼 수도 있다. 홀로그램 기술이 일상화된다면, 우리의 엔터테인먼트와 컴퓨터 세계는 양자역학 덕분에 또 한 번 큰 변화를 맞을 것이다.

### MRI 기계

만약 우리 몸에 있는 수소 입자가 자극받는다면 어떤 일이 일어날까? 양자물리학 연구 결과가 나왔을 때 다양한 분야의 수많은 과학자가 이 지식을 의학 발전에 활용하는 방법을 모색하기 시작했다. 이 과학자들 가운데 레이먼드 다마디안Raymond Damadian은 우리 몸 안의 장기와 조직의 더 깔끔하고 자세한 그림을 만들어 내기 위해 자기공명영상MRI, Magnetic Resonance Imaging 장치를 개발했다.

그 전까지는 X선이나 다른 영상 기법이 우리 몸 안에서 어떤 일이 일어나고 있는지 정보를 알려줬지만, MRI는 더 깔끔한 영상을 의사들에게 제공해 의료 예측과 치료를 돕는다. 이것은 모두 핵자기공명nuclear magnetic resonance이라는 양자 과정 덕분이다. MRI 촬영 중 장치 안의 강한 자기장은 우리 몸의 수소 원자핵에 영향을 줘 그 스핀 방향을 뒤집는다. 이 과정에서 생기는 변화가 패턴을 이루며, 이를 바탕으로 장기와 조직의 정교한 이미지가 만들어진다.

MRI의 기능을 떠올려보면 왜 이 장치가 그렇게 비싼지 자연히 이해가 된다. 많은 사람이 쉽게 받을 수 있는 검사는 아니지만, MRI는 종양, 암, 각종 질환 등 심각한 의학적 문제를 찾아내는 데 필수적인 도구로 자리 잡았다.

양자물리학이 여전히 풀리지 않은 신비로 가득한 분야이긴 하지만, 의학에서는 이렇게 실제 삶의 질을 높이는 기술 발전을 계속 이끌어 내고 있다.

## 양자 시계

당신은 손목시계를 차고 다니는가? 요즘은 대부분 휴대폰의 전자시계에 의존해서 손목시계를 착용하지 않은 사람이 많다. 하지만 컴퓨터와 스마트폰이 탄생하기 전 많은 사람은 기계식 손목시계와 고전적인 시계에 의존했고, 이 시계들은 작동하기 위해 시계추나 배터리에 의존했다. 문제는 내부 부품이 닳거나 깨지기 시작하면 정확한 시간을 유지하기 어려워진다는 점이다. 그래서 많은 기계식 시계는 하루에 10초 정도씩 오차가 생기곤 했다.

그렇다면 전자시계는 더 정확한가? 꼭 그렇진 않다. 대부분의 전자시계는 소리굽쇠와 유사한 형태와 작동 원리를 가진 수정 진동자를 통해 전기적으로 작동한다. 이 진동은 회로에 의해 계산되고, 꽤 안정적인 시간의 흐름을 만들어낸다. 하지만 온도와 압력이 많은 전자시계에 영향을 줄 수 있어 매달 30초 정도 시간 오차가 생긴다.

오늘날 스마트폰 시계는 전 세계의 여러 기준 시계에서 실시간 데이터를 받아 자동으로 동기화되기 때문에 오차를 거의 느낄 수 없다. 하지만 가장 정확한 시간을 알려주는 장치는 원자시계atomic clock뿐이다. 이름만 들으면 위험하게 느껴질 수도 있지만, 원자시계는 양자역학을 이용해 극도로 정밀한 시간을 측정한다. 그 정확도는 무려 1억 3천만 년에 1초 틀릴 정도다. 그렇다면 이 안에서는 어떤 일이 벌어지는 걸까?

현재의 원자시계는 원자로 가득 찬 대형 시계다. 원자시계는 원자 핵 주변에서 전자가 궤도를 변경할 때 방출되는 복사광의 주파수를 측정한다. 앞서 배웠듯이 전자는 위치를 바꿀 때 에너지를 얻거나 잃는다. 전자는 일정한 주기로 위치와 에너지 상태를 바꾸기 때문에 원자시계는 절대로 닳거나 때묻거나 외부 환경의 영향을 전혀 받지 않는다. 완벽해 보이지 않는가?

과학자와 공학자들은 얽힌 원자를 쓰면 훨씬 더 정확한 원자시계를 만들 수 있다고 믿는다. 더 많은 원자를 동시에 얽혀 있는 상태로 만들 수 있다면, 그만큼 입자의 변화를 더 세밀하게 측정할 수 있기 때문이다. 그렇게 되면 지금의 원자시계도 언젠가는 전자시계만큼이나 '옛날 방식'으로 보이게 될지 모른다!

놀랍게도 이는 당신의 스마트폰 시계가 더 정확해진다는 것만 이야기하는 것이 아니다. 디지털 항법 장치에 쓰이는 광역위치지정체계GPS, Global Positioning System는 당신과 여러 위성들 사이에 광속으로 자료를 오고 가는 것에 의존한다. 시간 정보를 정확히 유지하기 위해, 위성은 그 안에 원자시계를 갖고 있다. 이제 당신의 휴대폰이 몇 초 이내에 당신의 위치와 당신이 가려는 곳을 추적할 수 있게 된다. 이 모든 것은 양자역학 덕분이다!

## 양자 강화 현미경

얽힌 입자가 원자시계를 더 정확하게 만든다면, 얽힌 광자를 이용한 현미경은 얼마나 더 정밀해질까? 일본에서는 얽힌 입자를 활용해 현미경 성능을 개선시켰다. 양자역학이 실질적인 기술로 적용되기 시작하면 과학적 발전이 얼마나 빨라질 수 있는지 보여 주는 사례다.

이것은 미분간섭대비현미경Differential Interference Contrast Microscope이라고 하는데, 어떤 물체에 얽힌 광자로 이뤄진 두 광선을 조준한다. 얽혀 있는 광자는 즉시 반응해 당신이 살펴보는 물체에서 반사된다. 그 광자가 반사되면 패턴을 만드는데 어떻게 반사됐는지 보여 준다. 얽힌 광자의 변화는 즉시 발생하므로, 정보를 훨씬 더 선명하고 신속하게 반영할 수 있다. 게다가 관찰 대상의 미세한 차이를 훨씬 쉽게 확대해서 볼 수도 있다.

이 양자 강화 현미경은 의료와 천문학 연구에 도움이 될 수 있으며, 당신이 인체나 우주의 신비를 밝혀내려고 한다면, 이 현미경이 더 자세한 정보와 자료를 제공할 수 있다. 예를 들어 천문학 분야에서는 멀리 있는 중력파와 광파를 더 쉽게 감지할 수 있어, 천문학자들이 거대한 별을 관측하고 분석할 수 있게 된다. 이 현미경이 얽힌 광자를 통해 더 많은 정보를 제공한다면, 멀리 있는 외계 행성의 중력과 빛의 출렁임을 알아낼 수도 있다! 우리 태양계 바깥의 행성을 찾아내는 것은 매우 어려운 작업이지만, 얽힌 광자를 사용해 강화된 현미경은 새로운 수준의 탐험을 통해 우주를 열어줄 수 있다.

## 자료 원격 전송

이 캠핑장에 오기 위해 우리는 2시간 동안 운전해야 했다. 캠핑장이 집에서 매우 멀어 모든 짐을 조심스럽게 싸야 했고, 준비물 목록을 반복해서 점검해야 했다. 만약 우리가 캠핑장 입구까지 단번에 순간 이동할 수 있다면 얼마나 일이 수월해질까? 필요한 물건을 깜빡했더라도 눈 깜짝할 사이에 집에 다녀올 수 있을 것이다. 아쉽게도 순간 이동 기술이 현실이 되기까지는 아직 갈 길이 멀다. 하지만 과학자들은 이미 양자 세계에서 먼 거리로 정보를 전송하는 초기 단계를 넘어서는 연구를 시도하고 있다.

스칸디나비아의 한 실험실에서 과학자들은 다이아몬드 안에 전자를 가두고, 그 다이아몬드를 냉각시켜서 그 안의 전자가 천천히 움직이도록 만들었다. 이 방법으로 전자를 더 쉽게 관찰할 수 있었다. 그런 다음 과학자들은 전자 두 개를 1미터 거리만큼 떨어뜨렸다. 그러자 과학자들이 첫 번째 전자를 측정하거나 변화를 관측했을 때 두 번째 전자에서도 그 즉시 변화가 발견됐다. 이는 양자얽힘이 실제로 존재한다는 강한 증거이며, 동시에 '정보의 원격 전송' 가능성을 향한 첫 걸음이기도 했다.

이제 과학자들은 이런 변화를 더 정교하게 측정할 수 있게 됐고, 앞으로 더 많은 실험을 통해 전자들이 아무리 멀리 떨어져 있어도 서로에게 영향을 줄 수 있음을 확인하려 하고 있다. 기술적으로는 그 거리가 얼마든지 늘어날 수 있다. 동시에 어떤 종류의 정보가 한 입자에서 다른 입자로 전송될 수 있는지도 파악하려는 중이다. 만약 이것이 성공한다면, 얽힌 입자를 통해 정보를 주고받는 완전히 새로운 방식이 열릴 수 있고, 컴퓨터 내부에서의 연산 속도나 컴퓨터 간 통신 속도는 상상을 초월할 정도로 빨라질 것이다.

당신도 '초고속 컴퓨터'가 무엇을 의미하는지 알 것이다! 유전자 서열 분석, 비디오 게임 개발, 컴퓨터 그래픽 특수 효과 렌더링 등 지금은 많은 시간이 필요했던 작업들이 훨씬 빠르게 처리될 수 있다. 10장에서 양자컴퓨터를 더 자세히 살펴볼 예정이다.

### 깨뜨릴 수 없는 암호

코드와 양자물리학은 어떤 관련이 있을까? 한 예로, 우리는 일상에서 열쇠를 자주 쓴다. 집, 자동차, 사무실을 잠그기 위해 우리는 늘 열쇠를 사용한다. 이런 방식으로 침입자로부터 우리의 공간을 안전하게 지키는 것이다. 하지만 침입자가 현실 세계에만 있는 건 아니다. 디지털 세계에서도 컴퓨터, 스마트폰, 그리고 그 안에서 실행되는 애플리케이션들은 다양한 수준의 암호화를 사용한다. 쉽게 말해, 해커나 바이러스로부터 안전하게 지키기 위해 설계된 '디지털 열쇠'라고 보면 된다.

암호학은 암호화를 위한 암호의 연구와 사용에 관한 연구로, 역사가 길다. 가장 초창기 암호의 예시 중 하나는 서기 120년대 초, 군대 지휘관이 통신을 막대기에 특별한 방식으로 감아서 보낸 것이다. 이는 암호의 초창기 형식으로, 우리가 오늘날 사용하는 암호화 서비스와는 전혀 닮지 않았다. 오늘날 우리가 "마시멜로 좀 더 사 와" 혹은 "불 조심해!" 같은 메시지를 보낼 때는 굳이 강력한 암호화가 필요하지 않다. 하지만 대기업, 금융기관, 그리고 국가 간의 통신에서는 높은 수준의 보안이 필수다. 보안이 뚫리면 중요한 자료가 외부로 새어나갈 뿐 아니라, 상황에 따라 회사의 주가나 국가 안보까지도 흔들릴 수 있기 때문이다.

양자역학은 이런 보안 문제에 새로운 해답을 제시한다. 양자 키 분배QKD, Quantum Key Distribution는 깨뜨리기 거의 불가능한 차세대 보안 방식으로 꼽힌다. 이 기술은 독특한 방향으로 진동하는 광자에 의존하는데, 이 광자들은 위, 아래, 좌, 우로만 상태가 제한돼 있으며 완전히 무작위적인 성질을 갖는다. 누군가 내용을 풀어 보려면 특수한 필터를 사용해 이 광자 키를 해독해야 하고, 그 과정에서 사용되는 알고리듬 또한 복잡하다. 듣기만 해도 '깨기 어렵겠다'는 생각이 들지 않는가? 실제로 그렇다!

이 암호의 핵심은 '눈치챌 수 있다는 것'이다. 누군가 몰래 광자를 읽으려고 시도하면, 광자의 상태가 즉시 변해 버린다. 그러면 통신 중인 회사나 사용자에게 누군가 엿보기를 시도했다는 신호가 바로 전달된다. 얽힌 광자 입자는 상호 연결돼 있기 때문에, 한쪽에서 변화가 감지되면 다른 쪽도 즉시 반응해 해킹 시도를 곧바로 알려준다. 보안 누출 사실을 숨길 수 없는 구조인 셈이다.

오늘날 일본과 스위스의 기업에서 이미 QKD의 다양한 버전을 시험 중이지만, 모두에게 이런 종류의 암호화가 널리 보급되기까지는 아직 시간이 걸릴 것이다. 현재로서는 암호화된 정보를 보낼 수 있는 거리가 약 1백 킬로미터 내로 제한돼 있기 때문이다. 보안성은 뛰어나지만 장거리 통신에 적용하기에는 아직 해결해야 할 기술적 과제가 남아 있다.

## 양자역학의 가능성

양자물리학의 미지의 영역을 살펴본 뒤라면, 당신은 그 신비로움만이 남아 있는 듯한 양자 세계를 떠올렸을지도 모른다. 실제로 이론물리학과 양자물리학에는 아직 풀리지 않은 질문과 미해결 과제가 많다. 그럼에도 양자역학은 과학자, 공학자, 혁신가에게 전례 없는 가능성을 열어 왔다. 우리는 이미 아원자 수준에서 비롯된 발견들이 가져온 혜택을 자연스럽게 누리고 있다. 양자 시계, MRI 기계, 레이저는 어느새 일상 속에 자리 잡아 의료와 통신의 발전을 조용히 떠받치고 있다. 양자역학을 바탕으로 한 연구와 개발은 사실 이제 막 첫 장을 연 셈이다.

앞서 살펴봤듯이 양자얽힘의 능력을 아는 것은 짧은 거리에서 자료를 원격 전송하는 방법에 대한 최첨단 연구를 이끌었다. 이 실험 중 다수는 여전히 초기 개발 단계지만 이런 기술적 진보의 발걸음은 미래에 이어져서 정신없는 속도로 계산이 이뤄지는 컴퓨터를 만들어 낼 수도 있다. 인터넷과 렌더링 지연은 과거의 일이 될 수도 있다. 이러한 컴퓨터로 어떤 세상을 만들어 낼 수 있을까? 그 가능성을 들여다보자!

# 10장
# 양자컴퓨터의 희망

"고전 계산은 단독 연주회다. 한 줄의 단음이 계속 이어지기 때문이다.
양자계산은 교향곡이다. 수많은 선율이 서로를 간섭하기 때문이다."

세스 로이드(Seth Lloyd)

캠핑이나 하이킹을 가 보면 자연을 가까이에서 느낄 수 있다. 전화, 인터넷, 심지어 기본적인 가전제품도 없는 환경에서 살아가는 모습을 잠시 상상해 보자. 식재료를 구하고 밥을 해 먹는 일처럼 일상적이던 일조차 훨씬 번거로워진다. 나무와 작은 강으로 이어진 거대한 야생 속에 서 있으면, 집에서는 쉽게 볼 수 없었던 자연의 모습을 새롭게 발견하게 된다.

휴대폰을 꺼내서 아기 사슴이나 아기 다람쥐의 스냅사진을 찍었다고 하자. 그 사진을 인스타그램이나 페이스북에 올리는 것은 자연스러운 일이지만, 업로드가 실패할 수 있다. 데이터 신호가 끊겼거나, 남아 있는 데이터가 아예 없을 수도 있다. 이런 순간 당신은 휴대폰이 없다는 것이 어떤 느낌인지 새삼 실감할 것이다.

스마트폰이나 컴퓨터를 밖에 나가서 쉽게 구입할 수 없었던 시절을 떠올리기는 어렵다. 35세 이상의 사람들은 처음으로 상용화된 컴퓨터가 보급되기 전의 세계를 기억할 수도 있다. 그 시절엔 전화는 유선전화였고, TV는 케이블 TV였으며, 당신이 좋아하는 게임은 트럼프 카드놀이나 부루마블 보드게임이었을 것이다. 고전컴퓨터는 수학과 과학 연구 방식을 완전히 바꿨고, 사람들이 전자책을 읽고, 논문을 작성하고, 인터넷에서 의견을 나누는 방식까지 단숨에 변화시켰다. 시간이 흐르며 정보 전송 기술도 함께 발전했고, 전화와 컴퓨터 게임은 놀라울 만큼 향상됐다.

그리고 미래에 대해 단 한 가지 확실한 사실이 있다. 양자역학은 이 모든 변화를 또 한 번 극적으로 뒤흔들 것이라는 점이다.

## 과거의 컴퓨터

01001000 01100101 01101100 01101100 01101111 00101100
00100000 01110111 01101111 01110010 01101100 01100100 00101110

여기에 있는 0과 1을 살펴보자. 이 패턴이 우리에게 무슨 말을 하는지 알 수 있는가? 바로 알아차리기는 어렵지만, 컴퓨터에 이 숫자는 실제 정보를 담고 있으며, 올바른 도구만 있다면 그 의미를 해독할 수 있다. 그리고 이 부호의 중요성과 고전컴퓨터가 이를 어떻게 활용하는지 이해하면, 양자컴퓨터가 만늘어 낼 혁신을 더 분명히 인식할 수 있다. 그럼 먼저 고전컴퓨터의 기본적인 작동 방식을 살펴보자.

위의 0과 1로 이뤄진 부호를 다시 보자. 우리가 오늘날 사용하는 컴퓨터에 넣으면 모든 정보가 이 부호로 변환된다. 이 부호는 이진부호binary code라고 한다. 0과 1로 이뤄진 각각의 덩어리는 다른 값을 가질 수 있는데, 예를 들어 01001000은 'H'를 뜻하고, 01100101은 'E'를 뜻한다. 우리가 매일 사용할 수 있는 각각의 수, 문자, 자룟값은 이진부호로 저장될 수 있다. 거기에는 그림도 들어간다! 여기서 위의 이진부호는 "Hello, world."라는 말이다. 각 문자를 나타내는 데 사용된 이진수 각각은 '비트bit'라고 한다.

오늘날 대다수 컴퓨터는 금속과 실리콘의 복합적인 조립체를 사용해 자료를 저장하고 공유한다. 만약 컴퓨터 본체를 열고 안을 들여다보면 수많은 전선이 달라붙은 얇은 판을 볼 수 있다. 이것이 마더보드motherboard다. 마더보드 위에는 냉각 팬으로 식혀야 하는 컴퓨터 칩들이 자리 잡고 있다. 이 칩이 마더보드 및 그래픽 카드와 결합되면, 컴퓨터는 복잡한 계산을 수행하고 자료를 저장 · 표시할 수 있게 된다. 이 모든 과정은 전기 흐름과 특정 금속의 물리적 특성을 이용해 제어된다.

대다수의 전자회로는 양자역학에 바탕을 둔 반도체 기술에 의존한다. 양자 수준의 연구는 고체, 특히 실리콘의 양자적 행동을 어떻게 다루는지 밝혀냈다. 과학자들이 실리콘 내부 전자의 파동적 특성을 조절하는 방법을 찾게 되면서, 전기 전도성을 인위적으로 만들어 낼 수 있게 됐다. 이 원리를 바탕으로 컴퓨터공학자들은 회로 기판을 설계해 전기의 흐름을 정확하게 제어하는 기술을 개발했다.

이 지식을 적용하면 회로 기판을 만들어 부호를 처리할 수 있다. 소프트웨어와 하드웨어의 조합으로, 기판의 전자 회로는 입력, 저장, 처리, 출력과 같은 기본적인 계산을 할 수 있다. 이렇게 고전컴퓨터와 휴대폰은 우리가 자료를 저장하고 공유하며, 여기에 더불어 수학 계산을 하고 복잡한 문제를 풀 수 있게 도와준다. 하지만 양자컴퓨터는 이 모든 방식을 근본부터 바꿔 놓는다.

## 미래의 컴퓨터

점심에 맛있는 핫도그를 만들고 싶다고 하자. 그렇다면 밖으로 나가서 핫도그 빵을 사고, 소시지를 사고, 조미료를 사야 한다. 당신은 핫도그 위에 케첩, 머스터드, 렐리시 소스, 양파를 넣는 것을 좋아할 수도 있으며, 칠리

소스나 치즈 소스를 올리고 싶을 수도 있다. 이때 당신이 만들고 싶은 핫도그가 복잡해질수록, 더 큰 소풍용 식탁이 필요하다. 이렇게 많은 재료를 작은 접시에서 다루는 것은 어렵지만, 넓은 식탁에서는 훨씬 여유 있게 점심을 준비할 수 있다.

컴퓨터도 마찬가지다. 과거 컴퓨터는 메모리 용량이 제한적이어서 간단한 계산조차 오래 걸렸다. 오늘날 컴퓨터는 비교할 수 없을 만큼 빨라졌지만, 수학 · 천문학 · 생물학 등 방대한 계산을 필요로 하는 분야에서는 여전히 시간이 오래 걸린다. 그래서 극도로 복잡한 계산에는 슈퍼컴퓨터가 사용된다. 만약 양자컴퓨터가 훨씬 더 빠르게 작동할 수 있다면, 과학자들은 자료 분석과 계산에 훨씬 적은 시간을 들이게 될 것이다. 이런 일이 어떻게 가능할까?

양자물리학에 대한 근본적인 지식을 바탕으로 이 새로운 컴퓨터는 효율성, 저장 용량, 연산 속도를 획기적으로 증대시키는 것을 목표로 한다. 양자컴퓨터는 이진부호 대신 중첩 상태와 양자얽힘을 활용한다. 두 상태를 동시에 준비할 수 있는 양자 상태의 특성을 바탕으로, 양자컴퓨터는 기존의 이진수 체계를 완전히 새롭게 구성한다. 이러한 정보의 기본 단위를 큐비트qubit, quantum bit라고 부른다. 고전컴퓨터의 비트와 달리, 큐비트는 측정되기 전까지 0과 1을 동시에 가진 상태로 존재할 수 있다. 이때, 전자기파를 적용하면 입자들이 얽히고, 그 과정에서 0과 1의 상태가 뒤집힌다. 전자기파 신호는 입자의 중첩 상태도 조절한다. 이런 과정을 통해 데이터의 연산과 변환이 이뤄질 수 있다.

더욱 흥미로운 점은 기계의 큐비트 수가 늘어남에 따라 계산 능력이 지수함수적으로 증가한다는 점이다. 2큐비트 양자컴퓨터는 네 개의 계산을 동시에 진행할 수 있고, 3큐비트 양자컴퓨터는 여덟 개의 계산을 처리할 수 있다. 4큐비트 양자컴퓨터는 열여섯 개의 계산을 처리한다! 하지만 이것이 큐비트가 정보를 매우 빠르게 처리할 수 있다는 의미는 아니다.

양자컴퓨터의 칩을 들여다보면 입자들이 극저온 상태로 저장돼 있다. 극한의 저온 환경 덕분에 입자를 더욱 정밀하게 제어할 수 있고 더 쉽게 양자얽힘을 구현할 수 있다. 이러한 입자들이 얽힌 상태에서 큐비트의 능력과 속도는 훨씬 커지는데, 이는 양자컴퓨터가 기존보다 훨씬 복잡한 연산을 처리할 수 있다는 뜻이다. 동시에 간섭 현상을 활용한 양자 상태를 제어하면 과학자들은 정답으로 가는 신호를 증폭시키고 오답으로 가는 신호를 차단할 수 있다.

물론 양자컴퓨터에 문제나 계산을 넣는다고 해서 바로 답이 나오는 것은 아니다. 양자 상태는 본질적으로 확률적이다. 하지만 동일한 질문을 여러 번 반복하면 결과는 점점 정확한 답으로 수렴한다. 양자컴퓨터의 압도적인 처리 속도 덕분에 이 과정은 그리 오래 걸리지 않는다. 연구자들에게는 자료 분석과 연구 과정이 훨씬 쉬워진다는 뜻이다.

그럼에도 현재 양자컴퓨터에는 몇 가지 큰 단점이 있다. 가장 큰 문제는 크기와 환경 조건이다. 지금의 양자컴퓨터는 여전히 매우 크고, 대부분 특수 연구소에서 사용된다. 또한 먼지, 열, 진동과 같은 외부 환경을 극도로 차단해야 한다. 아주 미세한 영향만 받아도 특유의 양자 상태가 무너지는, 이른바 결어긋남decoherence이 발생하기 때문이다. 양자 상태의 결맞음coherence을 오래 유지하는 방법을 찾는 것은 양자컴퓨터 개발에서 가장 중요한 과제 중 하나다.

과학자들은 시간이 흘러 양자컴퓨터가 단순히 계산 속도가 빠를 뿐만 아니라 더 어려운 시뮬레이션과 계산을 처리할 수 있게 되기를 희망한다. 어쩌면 100년 후에는 모두가 자신의 양자컴퓨터를 갖고 써먹을지도 모른다!

## 양자컴퓨터로 작업하기

지난 10년간 다양한 종류의 양자컴퓨터가 만들어졌으며, 몇몇 회사는 투자를 받아서 양자컴퓨터의 능력 증가와 새로운 코딩 프레임워크를 만드는 작업을 시작했다. 예를 들어 2011년, D-웨이브 시스템D-Wave Systems은 첫 번째 상업용 양자컴퓨터를 만들었다고 발표했다. 두 시스템은 D-웨이브 1(128큐비트)과 D-웨이브 2(512큐비트)라고 한다. 그 안의 큐비트 사이에 충분한 얽힘이 밝혀지지 않았기 때문에 이 시스템들이 실제로 양자적인지에 대해서는 논쟁이 남아 있다.

구글Google과 NASA 같은 다른 기관들도 양자인공지능연구소Quantum Artificial Intelligence Lab를 설립해 양자 계산을 더욱 심도 있게 연구하고 있다. 영국 브리스틀대학교University of Bristol는 인터넷에서 누구나 이용할 수 있는 전통적인 양자 칩을 개발해 공개했으며, 사용자는 이 칩을 클라우드에 연결해 직접 시뮬레이션을 실행해 볼 수도 있다.

양자컴퓨터 연구가 활발하기 때문에 많은 사람은 다양한 연구 분야가 양자역학의 능력에 의해 가속될 것이라 믿는다. 예를 들어, 날씨 패턴 분석과 기후 변화 시뮬레이션은 훨씬 더 정확하고 효율적으로 수행될 가능성이 있다. 또한 인공지능AI, Artificial Intelligence의 발전과 함께 점점 더 복잡한 코딩 시스템이 필요해지고 있는데, 이는 고전컴퓨터에는 커다란 부담이다. 그러나 양자컴퓨터는 방대한 데이터를 다루는 데 훨씬 적합해 AI 연구를 뒷받침할 강력한 기반이 될 수 있다. 의료, 화학, 머신러닝, 공학 등 다른 분야에서도 양자컴퓨터는 새로운 학습과 발견의 기회를 열어 줄 것으로 기대된다. 아직은 여러 예시가 초기 단계에 머물고 있지만, 컴퓨터공학자와 양자물리학자는 양자컴퓨터가 앞으로 얼마나 발전할지 큰 기대를 걸고 있다. 실험과 발견의 시대는 아직 한참 남아 있다!

# 11장
# 놀라운 양자 실험

"실험은 우리가 해볼 수 있는 지식의 유일한 수단이다.
나머지는 시이며 상상이다."
막스 플랑크(Max Planck)

우리의 캠핑은 잘 끝났다. 날씨도 좋았고, 호수 역시 너무 차갑지 않았다. 우리는 수영, 낚시, 보트 타기를 즐기며 정말 즐거운 시간을 보냈다. 캠핑장으로 돌아와 따뜻한 불을 피우고 친구들과 도란도란 이야기를 나누며 보내는 시간도 소중했다. 스낵과 캠핑 음식은 최고였지만, 시간이 흐르자 아무리 좋은 시간을 보냈어도 결국 집으로 돌아가고 싶다는 생각이 들었다. 자연이 우리에게 즐거운 모험과 좋은 추억을 남겨주긴 했지만, 샤워, 요리, 상처 치료처럼 일상의 작은 일들을 해결하기에는 쉽지 않았다. 우리는 일상의 편리함을 거부하기 어렵다.

몇 가지만 예를 들어도 전자레인지, 컴퓨터, 의료 기술 등은 과학과 기술이 우리의 삶을 발전시키기 위해 연구한 결과다. 과학의 한 분야인 양자물리학은 특히 전 세계의 혁신가에게 영감을 주고 능력을 줬다. 양자물리학자들 덕분에 새로운 발견, 제안, 모형, 아이디어가 매일 만들어지며, 이러한 아이디어 가운데 어떤 것들은 기존의 아이디어와 개념을 뒷받침한다. 또 어떤 것들은 사고 실험과 모형을 제안해 새로운 탐구를 시작한다. 한 가지 확실한 것은 양자물리학은 이제 겨우 시작됐다는 것이다!

## 양자적 가능성 탐구

양자물리학의 초창기는 말 그대로 흥분의 연속이었다. 수백 년 동안 '참'이라고 믿어온 개념들을 뒤집는 일은 충격적일 수밖에 없다. 아인슈타인, 하이젠베르크, 슈뢰딩거, 보어 등 여러 거장이 숱한 아이디어를 제안했지만, 그중 대부분이 실제로 입증된 것은 불과 최근의 일이다. 그보다 더 중요한 사실은 양자역학이 기술과 실용적 응용 분야에서 놀라운 성과를 내기 시작했다는 점이다. 시간을 구부리는 킬로그램의 계산법을 바꾼 것에서부터, 양자물리학 분야의 계속되는 실험과 연구가 우리의 세계를 뒤집고 있는 중이다. 최근 몇 년 동안 어떤 일들이 일어나고 있었는지 살펴보자.

### 양자 킬로그램

당신은 얼마나 무거운가? 미국에서는 150파운드라고 할 것이고, 그 외의 다른 나라에서는 68킬로그램이라고 할 것이다. 이쯤에서 질문이 하나 있다. 1킬로그램이 얼마나 무거운지는 어떻게 알까? 무게에 대한 우리의 생각이 시간에 따라 바뀔 수 있을까? 만약 무게가 질량과 중력이 결합해서 영향을 받는다면, 우리는 어떻게 그것을 측정할 수 있을까?

프랑스에는 백금-이리듐 합금으로 된 원기둥 모양 추가 있으며, 이는 1킬로그램이 얼마나 무거운지 정해 준다. 하지만 대부분은 고체 내부의 원자가 시간이 흐르며 조금씩 손실된다는 사실을 모른다. 지금 이 순간에도 원자는 사라지고 있으며, 그 말은 곧 이 원기둥이 더 이상 정확히 1킬로그램이라고 단정할 수 없다는 의미다. 게다가 산꼭대기나 달에서 무게를 재면 중력이 달라지기 때문에 같은 물체라도 무게는 변한다.
이런 불일치를 방지하기 위한 방법으로, 과학자들은 1킬로그램의 기준을 수십억 년 동안 유지되는 것으로 바꿨다. 플랑크 상수와 아인슈타인의 $E=mc^2$와 같은 양자역학 방정식에 기반해, 새로운 양자역학 기반의 킬로그램은 수학적으로 설명할 수 있고, 전부 같은 진동수로 진동하는 10의 40 거듭제곱 개의 광자에 의존한다.
원자시계가 시간을 더 정확히 측정하듯, 이 새로운 방식의 킬로그램은 위치나 환경과 무관하게 항상 동일한 기준을 제공한다. 즉, 우주의 어디에 있어도 동일하게 이해하고 사용할 수 있는 보편적인 질량 단위가 된 것이다.

## 얽힘 사진

인과율은 우리의 삶을 지배한다. 도미노 하나를 쓰러뜨리면 나머지 도미노가 어떤 순서로 넘어질지 우리는 쉽게 예측할 수 있다. 이런 연쇄 반응을 관찰할 수 있기 때문에 줄에 서 있는 마지막 도미노가 넘어지는 일은 신비롭지 않다. 하지만 아원자 수준에서는 이야기가 그렇게 간단하지 않다. 앞서 양자얽힘에 대해 살펴봤듯이, 두 입자가 얽혀 있다면 그중 하나를 관측하거나 측정하는 순간 다른 입자도 그 변화에 즉각적으로 반응한다. 측정의 객관적 세계가 깨지는 듯한 이러한 현상 때문에, 아인슈타인과 여러 물리학자는 왜 이런 얽힘이 발생하는지 설명하기 위해 오랫동안 고민했다.
오늘날 우리는 양자얽힘을 완전히 설명할 수 있진 않겠지만, 적어도 그런 일이 일어난다는 증거 사진은 갖고 있다! 스코틀랜드의 글래스고대학교University of Glasgow에서 물리학자들이 양자얽힘을 처음 사진으로 찍었기 때문이다. 폴-앙투안 모로Paul-Antoine Moreau와 그의 연구진은 두 개의 광자를 얽히게 만든 다음 두 광자를 나눠서 그 광자들이 네 가지 변하는 위상을 통과하도록 했다.

그 결과 촬영된 사진은 두 광자 중 하나가 변화를 겪을 때, 다른 광자 역시 거의 동일한 방식으로 영향을 받는다는 사실을 시각적으로 보여 줬다. 각도의 관점에서 100% 완벽하게 일치하는 것은 아니지만, 두 광자의 전체적인 모양과 둥근 특징이 똑같다는 점은 분명 확인할 수 있다. 이러한 실험은 양자얽힘이라는 현상의 실재를 입증할 뿐 아니라, 앞으로 과학자들이 아인슈타인이 말했던 그 "섬찟한 원격 작용"을 이해할 수 있다는 희망도 더욱 키워 주고 있다.

### 역인과율로 과거 고쳐보기

시간을 거슬러 가는 것은 항상 흥미롭게 들린다. 그렇지 않은가? 우리의 미래가 우리의 과거에 영향을 줄 수 있다는 아이디어가 재밌긴 하지만, 현실적으로 시간 여행은 갈 길이 멀다. 이로 인해 다양한 실험이 진행돼 왔으며, 최근에는 양자 인과성의 신비를 풀기 위한 연구를 진전시킬 수 있는 사고 실험이 진행됐다.

앞서 양자 인과율에 대해 살펴봤듯이, 중첩과 얽힘은 미래가 과거에 영향을 줄 가능성이 있음을 시사한다. 하지만 어떤 실험도 이 효과를 증명하는 데 성공하지 못했다. 최근 어쩌면 우리가 이 현상을 거시적 규모에서 볼 수 있을지도 모른다는 새로운 사고 실험이 「네이처 커뮤니케이션즈Nature Communications」 학술지에 게재됐다. 양자 인과율을 미시적 수준에서 살펴보는 대신에 거시적 세계가 그 의문을 해결할 수도 있다.

초대형 천체와 중력에 관해서는 블랙홀을 따라갈 수 없다. 지크Zych, 코스타Costa, 피코프스키Pikovski와 그 연구진의 사고 실험에서는 만약 양자 중첩이 아인슈타인의 일반 상대성이론과 결합된다면 양자 역인과율을 포착할 수도 있다고 주장한다. 더 큰 질량을 가진 물체는 시간을 느리게 만들기 때문에 시간은 당신이 무거운 별이나 블랙홀 주변에 대한 상대적 위치에 따라 다르게 흐를 것이다.

이 사고 실험에서, 초거대 질량 행성 주변을 두 대의 우주선이 돌고 있다고 하자. 우주선의 위치와 경험한 시간에 따라 행성은 우주선으로부터 동시에 더 가까워지거나 더 멀어질 수 있다. 이는 우주선이 서로의 미사일을 요격하는 방식에 영향을 미칠 수 있으며, 누가 먼저 발사했는지는 양자 중력에 의해 영향을 받을 수 있다(Zych et al. 2019).

이는 사고 실험이므로 실제로 미래가 과거에 확실히 영향을 주는지 증명할 방법은 없지만 양자 중력이 중첩 상태에 대해 하는 역할을 들여다보는 중요한 관점을 제시한다. 양자 계산에 응용하면 이것은 과학자들이 계산하는 동안 중첩 현상을 사용하는 방법을 규명할 수 있게 도와줄 수도 있다. 어떤 계는 동시에 원인이자 결과로써 사건의 연쇄를 분석할 수 있는데 이는 계산을 더 효율적이고, 빠르고, 강력하게 만들 수 있다!

## 금속 수소

밤하늘에서 목성은 가장 밝게 보이는 행성은 아니지만, 태양계에서 가장 큰 행성으로서 단연 눈에 띈다. 목성은 거대한 폭풍과 수많은 위성으로 잘 알려져 있으며, 아직도 많은 신비를 품고 있다. 이 행성은 강력한 폭풍, 독성 기체 구름, 그리고 막대한 질량 때문에 그 중심부에 가까이 다가가는 것은 쉽지 않다. 또한 일반적인 행성보다 훨씬 강하게 전기적으로 충전돼 있다. 지금까지 확실히 입증되진 않았지만 과학자들은 목성의 거대한 자기권이 단순히 빠른 자전 속도 때문만은 아니라고 보고 있다. 그 깊은 중심부에서는 수소가 목성의 막대한 중력에 눌려 액체 금속 수소 상태가 됐을 가능성이 크다.

지구에서는 수소 연료가 더 효율적이고 에너지 저장을 쉽게 할 수 있음에도 불구하고 액체 금속 수소를 찾을 수 없다. NASA를 포함한 많은 에너지 회사와 연구소는 그 강력한 잠재력 때문에 금속 수소 연구에 투자하고 있다. 만약 우주여행이 새로운 개척의 시대에 접어든다면, 금속 수소를 로켓 연료로 사용하는 것은 우주 비행을 훨씬 수월하게 만들어 줄 수 있다.

하지만 현실적으로 지구에서 액체 금속 수소를 만들어 내는 것은 매우 어렵다고 여겨진다. 지구는 목성만큼 무겁지 않기 때문에, 그와 같은 극한의 고압 환경을 실험실에서 모방하거나 재현하려면 특수한 장비와 조건이 필요하기 때문이다. 2017년 매사추세츠대학교University of Massachusetts의 연구진은 금속 수소를 생성했다고 주장했지만, 분석 과정에서 시료가 분실되면서 논란이 이어졌다. 이후 프랑스의 경쟁 연구진은 자신들이 금속 수소를 만들어 냈다는 증거를 확보했다고 주장했다.

폴 루베르Paul Loubeyre와 그의 연구진은 프랑스 원자력에너지위원회CEA, Commission for Atomic Energy를 위해 연구를 수행하며, 실험실 환경에서 금속 수소를 생성하는 데 성공했다고 보고했다. 그러나 2019년에 발표된 논문에서 여전히 해결되지 않은 문제가 남아 있는데, 이 실험적 물질의 전기 전도도와 반응 열을 어떻게 정확히 측정할 것인가에 대한 것이다. 그럼에도 루베르와 동료 연구자들은 초고압 환경을 더욱 정교하게 구현함으로써 금속 수소 탐구에 의미 있는 진전을 이룰 수 있을 것이라 보고 있다.

### 기억의 얽힘

오늘날 매일 사용하는 인터넷이 상용화되기 전의 생활이 어땠는지 기억하는 사람은 별로 없다. 다만 초기의 전화 접속 인터넷을 떠올릴 수 있는 이들은, 기술이 얼마나 빠르게 발전해 왔는지를 실감할 것이다. 당시에는 이메일 하나를 보내거나 사진을 전송하는 데에도 꽤 많은 시간과 전력이 필요했다. 하지만 오늘날 더 빠르고 더 효율적인 칩, 마더보드, 메모리RAM는 특히 인터넷 사용의 관점에서 속도가 더 빨라지게 해 줬다. 무엇보다 "클라우드"의 출현은 앱 사용, 자료 저장, 온라인 개인 저장소 접근 방법을 바꿔 놨다. 양자물리학은 이를 넘어 더 나아가려는 목표를 갖고 있다.

비록 양자컴퓨터가 크기와 성능에서 제한되지만, 오늘날 연구와 작업은 인터넷 통신 네트워크를 포함해서 계속해서 계산 능력을 증가시키는 것을 목표로 한다. 대다수의 큐비트 칩 프로그래밍의 핵심 관심사가 과학 연구 분석을 위한 많은 큐비트를 만드는 것에 집중되기 때문에, 양자컴퓨터가 대중적으로 사용되기에는 부족하다. 그럼에도 불구하고 연구자들은 양자인터넷을 향한 여정을 시작하기 위해 꾸준히 실험을 이어가고 있다.

유럽과 중국에서는 두 연구진이 양자얽힘과 빛 분할 기술을 활용해 양자 정보를 유지하고 저장하는 새로운 방법을 연구 중이다. 이 접근법 중 하나는 광자를 큐비트 컴퓨터의 기본 요소로 사용한다. 이 양자컴퓨터는 광자를 통해 전달된 정보를 이온으로 채워진 유리 결정에 저장한다. 결정과 이온 구조의 중심에 광자를 쏘면, 광자는 에너지와 정보를 전달하고 결정은 저장 장치로 기능하게 된다. 이렇게 해서 양자 정보를 담을 수 있는 결정 기반 저장 장치가 만들어진다. 이어서 연구진은 양자얽힘을 이용해 얽힌 광자 한 개를 이 결정에 보내고, 다른 한 개는 광섬유를 통해 다른 방에 있는 또 다른 결정으로 전송한다. 이때 얽힘이 성공하면, 서로 떨어진 두 결정에 동일한 양자 정보가 얽힌 상태로 저장된다.

많은 연구자에게 이 실험은 양자컴퓨터와 양자인터넷을 향한 새로운 접근법의 시작이 될 수 있다. 이 연구는 우리를 양자인터넷의 기본 구성 요소인 양자 중계기를 더 빨리 개발하게 해 줄 것이다. 어떤 형태로든 완전한 양자 인터넷을 실제로 보게 되기까지는 아직 시간이 필요하겠지만, 그 첫걸음은 이미 2021년에 내디뎠다.

## 열여섯 가지의 미래

내일은 무슨 일이 벌어질까? 이런 질문에는 누구나 막연하게나마 답할 수 있다. 날씨에 대해 생각하든 직장이나 학교에서 일어나는 일들을 떠올리든, 미래는 확률로만 나타낼 수 있다. 우리의 시간이 흐름에 따라, 확률은 우리가 현재라고 부르는 한 가지 경험으로 좁혀진다. 하지만 배워왔듯이, 현실과 시간은 양자물리학의 아원자 세계에서는 완전히 다른 수준에서 작동하는 것처럼 보인다. 최근 양자컴퓨터는 동시에 열여섯 가지의 가능한 미래를 계산할 수 있게 됐다.

야구 경기 이야기에서 야구 경기의 결말은 몇 가지 다른 방식이 있었고, 이어지는 당신의 선택은 다른 삶의 경험을 이끌어 낸다. 만약 삶이 두 가지 경우의 선택으로 만들어져 있다면, 미래는 네 가지, 그리고 여덟 가지, 이이서 열여섯 가지 미래로 이이지며, 이는 그 단계에 따라 지수함수직으로 늘어난다. 미래가 어떻게 될지 이해하는 것은 흥분되는 아이디어다.

싱가포르에 있는 난양공과대학교Nanyang Technological University 마일 구Mile Gu와 그의 연구진은 중첩 현상을 사용해 열여섯 가지 다른 미래를 흉내내는 양자컴퓨터를 사용 중이다. 먼저 그의 연구진은 한 줄에 네 번 던지는 동전으로 만들어진 확률을 써서 양자컴퓨터를 부호화했다. 이후 단일 광자를 여러 경로로 동시에 보내고, 광자가 이동하는 동안 센서로 각 조건을 기록했다. 그다음 두 개의 양성자를 추가로 보내 경로가 어떻게 변화하는지를 관측했다.

이 연구자들은 “섭동 동전perturbed coin”이라는 고전적인 모형을 써서 이전의 현실이 미래의 확률에 영향을 주는 상황을 반영했다. 이 모형에서는 동전이 담긴 상자를 흔들 때, 동전이 놓인 상태와 흔드는 방식에 따라 결과가 달라진다. 동전이 어떻게 남아 있는지와 얼마나 세게 부드럽게 흔드는지에 따라, 네 번 흔든 다음에는 열여섯 가지 결과가 생길 수 있다. 여러 가지 요소를 종합해 연구단은 양자 계산과 중첩 현상을 조합해 열여섯 가지 가능한 미래의 지도를 만들 수 있었다.

엄청난 기법처럼 보이진 않지만 이 실험은 더 빠르고 더 강력한 양자컴퓨터를 만드는 데 한 걸음 더 진전시켰다. 이 방식으로 양성자를 사용해 확률을 계산하면 AI가 머신러닝을 써서 예측 정확도를 높이는 데 도움이 될 수 있으며, 이 양자컴퓨터는 날씨나 주식 시장 같은 복잡한 계를 매우 정확하게 예측하는 데 사용할 수 있다. 지금은 미래로 여행할 수 없지만, 우리는 분명히 우리가 원하는 미래의 모습을 분명히 만들어 가기 시작할 것이다!

## 핵융합의 거대한 폭풍

우리 조상들은 열을 얻기 위해 나무를 태웠지만, 요즘은 열과 에너지를 얻기 위해 다양한 에너지원에 의존한다. 1900년대의 핵심적인 기술 혁신 가운데 하나는 석탄을 태우던 방식을 넘어, 실질적인 대안으로 핵발전소를 구축한 일이었다. 양자물리학에서 새로운 개발과 발견이 있으면 수력, 풍력, 태양광, 원자력발전소의 효율을 개선하는 것을 목표로 하는 대체 에너지 자원에 더 많은 연구를 수행할 수 있다. 그리고 2019년, 핵융합을 향해 한 걸음 나아간 중요한 성과가 발표됐다.

캘리포니아 북부의 로렌스리버모어국립연구소LLNL, Lawrence Livermore National Laboratory는 핵융합의 세계 기록을 갱신했다고 발표했다. 이곳의 연구자들은 192개의 대형 레이저를 사용해 수소 원자를 콩알 크기로 만들어서 점화시켰다. 1경 와트가 넘는 레이저 에너지가 약 1.3메가줄의 에너지와 함께 연료를 폭발시켰는데, 이는 이론적으로 1조 개의 가정용 용광로를 동시에 작동시킬 수 있는 위력에 해당한다.

핵융합 반응은 겨우 100조 분의 1초 정도로 길게 유지되지 않았지만 이것은 핵융합 기술 발전에 있어 놀라운 진전이었다. 비록 이 연구의 출발점은 핵융합 무기 개발과 연관돼 있었지만, 연구자들은 동시에 효율적인 핵융합 에너지를 평화적으로 활용할 수 있는 방법도 고민하고 있다. 만약 핵융합으로 더 많은 에너지를 얻고, 방사성 물질은 훨씬 적게 만들어 낼 수 있다면, 전력 생산 방식 자체를 근본적으로 바꿀 가능성도 있다.

더 나아가면 연구자들과 과학자들은 핵융합을 만들기 위해 레이저를 사용하는 대안적인 방법을 찾고 있다. 많은 사람이 이 방법이 미래를 위해 지속가능한 녹색 에너지를 만들어 낼 수 있는 핵심 요소가 될 수 있다고 본다. 물론 LLNL에서 사용한 방식 역시 아직 개선해야 할 점이 많다. 그럼에도 불구하고, 레이저 핵융합 에너지가 우리의 미래 에너지 체계 속에 자리 잡을 가능성은 충분히 남아 있다.

### 양자 거북이

사람들은 멋진 불꽃놀이 쇼를 좋아한다. 요즘에는 꽃이나 새, 깃발처럼 아주 흥미로운 모양을 만들어 내는 불꽃놀이도 볼 수 있다. 그런데 양자물리학자들은 전혀 다른 차원의 '최고의 불꽃놀이'를 아원자 수준에서 관찰했다. 그곳에서는 예상하지 못한 신비로운 패턴이 나타났다.

지난 10년간의 연구를 통해, 양자물리학자들은 원자를 극저온까지 냉각시키고 자기장으로 가두면 매우 특이한 현상이 나타난다는 사실을 알아냈다.

이 과정에서 중심에서 바깥으로 뻗어 나가는 제트 구조가 형성되는데, 그 모습이 마치 불꽃놀이처럼 보인다. 온도는 극도로 낮지만, 미국 시카고대학교University of Chicago의 물리학자들은 이 현상 속에 일정한 패턴이 숨어 있다고 생각했다.

연구진은 머신러닝을 활용해 실험을 반복적으로 재현했고, 데이터 수집과 분석 역시 머신러닝의 도움을 받았다. 그리고 패턴 인식 알고리듬을 적용한 결과, 원자들이 만들어 내는 형태에는 분명한 특징이 있다는 것이 드러났다. 그 모습은 놀랍게도 '거북이'를 닮아 있었다.

이것은 실제 거북이는 아니지만 그 패턴의 모양이 위에서 바라본다면 거북이처럼 보인다. 머리처럼 보이는 원이 있고, 반대편에는 꼬리처럼 보이는 원이 있다. 이 원들은 더 큰 원에 붙어 있는데 마치 거북이의 등껍질처럼 보인다. 또 다른 쪽에는 머리와 꼬리가 연결돼 있고, 네 개의 하얀 점이 마치 거북이의 다리처럼 자리 잡고 있다.

이 현상은 이제 '양자 거북이quantum turtle'라고 부르며, 양자물리학에서 아직 충분히 탐구되지 않은 흥미로운 주제 중 하나가 됐다. 왜 이런 패턴이 나타나는지는 아직 명확히 밝혀지지 않았지만, 과학자들은 이번 실험에서 사용한 알고리듬이 입자의 거동을 더 깊이 이해하는 데 도움을 줄 것이라 기대하고 있다. 양자 입자의 신비가 하나씩 풀려 갈수록, 양자컴퓨터나 양자 네트워크와 같은 기술 역시 효율과 성능이 한층 더 향상될 것이다.

## 시간의 왜곡

당신이 아끼는 머그잔이나 최신형 스마트폰을 떨어뜨렸을 때, 산산이 부서진 조각이나 깨진 화면을 보며 시간을 되돌리고 싶다고 생각해 본 적이 있을 것이다. 거시적인 세계에서는 많은 일이 한 번 일어나면 간단히 되돌릴 수 없다는 사실이 분명하게 드러난다. 당신은 당신의 머그잔을 다시 이어 붙일 수도 있고, 스마트폰 화면을 교체할 수도 있겠지만, 이전과 100% 똑같진 않다. 이 모든 것은 시간의 화살, 열역학 법칙, 인과율의 움직일 수 없는 현실을 가리킨다. 물론 지금 당신은 양자 수준에서는 이야기가 다르다는 것을 알 것이다.

미국과 러시아의 공동 연구진은 양자컴퓨터를 써서 시간의 화살을 조금 구부리는 방법을 보이는 새로운 연구를 「사이언티픽 리포트Scientific Reports」에 발표했다. 이 양자컴퓨터는 아주 작아서 계산을 수행하기 위해 단 두 개의 큐비트만 갖고 있다. 이 양자컴퓨터의 역할은 실험을 위한 환경을 제공하는 것이었다. 입자-파동 이중성에 대한 상식에 기반해, 특정한 입자는 그 파동함수의 어떤 지점에서도 발견될 수 있다. 하지만 시간이 지남에 따라 파동의 출렁거림은 밖으로 움직여서 입자가 어디에 있을지 더 커지고 계산하기 어려운 확률을 만들어 내고, 최종적으로 입자가 어디에 있을지 규명하는 것은 더 어려워진다. 이 실험에서 과학자들은 퍼지는 입자-파동의 출렁임을 매우 통제된 양자적 환경 안으로 집어넣을 수 있었다.

양자컴퓨터는 크기가 매우 작기 때문에, 시스템과 그 주변 환경의 거의 모든 요소를 정밀하게 제어할 수 있었다. 엔트로피의 시간 역행을 완벽하게 분리하는 일은 쉽지 않았고, 그 결과 이 양자컴퓨터의 실험은 약 85%의 성공률을 보였다. 그럼에도 과학자들은 이를 더 발전된 미래 시뮬레이션으로 나아가기 위한 의미 있는 첫걸음으로 평가하며, 시간의 화살이 던지는 어려운 문제들을 해결할 수 있는 새로운 접근법을 제시했다고 보고 있다.

### 부서진 양자 터널

양자 세계를 이야기하다 보면, 테니스공을 단단한 시멘트벽에 던지는 것처럼 아주 단순한 상황도 전혀 다른 모습으로 바뀐다. 거시적인 현실에서는 테니스공을 벽에 던지면 튕겨 나와 다시 돌아온다. 하지만 입자가 아원자 수준의 장벽에 부딪히면, 마치 장벽을 통과한 것처럼 보이는 일이 벌어진다. 이 유령 같은 현상은 직관에 어긋나 보이지만, 과학자들은 그 원인을 밝히기 위해 연구를 이어가고 있다.

많은 과학자가 그 해답이 전자 같은 입자를 더 이상 단순한 '점'으로 보지 않고, 입자이면서 동시에 파동이라는 성질로 이해하는 데 있다고 본다. 이 특성은 입자가 장벽의 다른 편에 간섭무늬를 형성하도록 만든다. 이것을 생각하는 한 가지 방법은 물 위에 떠 있는 나무로 된 얇은 벽을 상상하는 것이다. 만약 정말 무거운 공이 이 가벼운 벽에서 튕겨 나온다면 공의 충격은 나무 벽의 반대편에 출렁거림을 만들 것이다. 하지만 입자-파동 이중성으로 실험했을 때 과학자들은 훨씬 더 흥미로운 결과를 관찰하게 된다.

전 세계에서 다양한 연구와 실험이 입자가 적절한 조건에서 유령처럼 장벽을 통과할 수 있음을 증명한 것이다! 입자-파동 이중성 덕분에 이 입자들은 장벽 위에 '착륙'했을 때 파동의 어떤 점에서도 나타날 수 있다. 만약 장벽이 얇다면 파동은 장벽을 넘어서 퍼지며, 입자가 장벽의 반대편에서 파동이 나타나도록 해 준다. 이것은 입자-파동의 일부가 장벽을 통과했기 때문에 입자가 장벽을 통과할 수 있다는 뜻이다.

이런 현상이 카메라에 포착되자 많은 물리학자는 입자가 양자 터널을 통과하는 데 얼마나 걸리는지 궁금해했다. 최근 캐나다 토론토대학교University of Toronto의 에이프라임 스타인버그Aephraim Steinberg와 그의 연구진은 특수한 시계를 이용해 레이저 척력장이라는 인공 장벽을 만들고, 루비듐 원자가 이를 통과하는 데 걸리는 시간을 측정했다. 흥미롭게도 연구진은 장벽이 더 두꺼울수록 입자가 반대편으로 나올 때 오히려 속도가 빨라지는 현상을 관찰했다. 이 때문에 일부 과학자는 원자가 빛의 속도보다 빠르게 이동하는 것일 수도 있다고 해석한다.

양자 터널에 대한 연구는 아직 진행 중이며, 입자-파동의 이런 행동은 입자와 속도, 이동에 대한 기존의 가정을 계속해서 흔들고 있다.

### DNA 안의 양자 작용

매일 아침 일어나 거울에 비친 자신의 모습을 볼 때, 우리 몸이 분자 수준에서는 끊임없이 변하고 있다는 사실을 떠올리기는 쉽지 않다. 우리의 DNA는 하루도 쉬지 않고 복제되고 스스로를 재구성한다. 하지만 이 과정이 언제나 완벽하게 이뤄지는 것은 아니어서, 때로는 DNA에 돌연변이가 생기기도 한다. 많은 과학자는 유전자 돌연변이가 어떻게 발생하는지는 알고 있지만, 양자역학은 왜 그런 돌연변이가 생기는지에 대한 또 다른 설명을 제시할 수 있다. 입자가 장벽을 뛰어넘거나, 원래는 갈 수 없을 것 같은 장소에서 발견될 수 있다는 이야기를 떠올려 보면, 이런 효과가 우리의 DNA에서도 영향을 미칠 수 있다는 생각이 그리 놀랍진 않다.

2021년, 「피지컬 케미스트리 케미컬 피직스Physical Chemistry Chemical Physics」에 실린 연구에서 연구자들은 양자 터널링이 점 돌연변이[1]의 원인이 될 수 있다는 가능성을 탐구했다. DNA 내부에서 양전하를 띤 양성자가 우연히 DNA 나선의 다른 부분으로 옮겨 갈 수 있는데, 이런 일이 벌어지면 DNA가 복제되는 과정에서 오류가 발생할 수 있다는 것이다.

연구 초기에는 이 가설이 어느 정도 지지를 받았지만, 당시의 컴퓨터 계산 능력은 DNA의 복잡성을 충분히 다루기에는 한계가 있었다. 컴퓨팅 파워가

1 점 돌연변이는 DNA의 염기서열에서 염기쌍 하나가 바뀌거나, 추가되거나, 사라져서 발생하는 돌연변이이다. – 옮긴이

더 발전하기 전까지는 양자물리학자들과 생물학자들이 양성자 터널링이 얼마나 자주 일어나는지, 양성자가 DNA 나선을 뛰어넘기 위해 얼마나 오래 불안정한 상태에 머물러야 하는지, 또 어떤 조건에서 이런 불안정성이 촉발되는지를 정확히 이해하기 어려웠다. 앞으로의 연구는 실험에 사용되는 DNA의 양과 범위를 늘리는 데 초점을 맞추고 있으며, 이를 통해 DNA의 양자적 불안정성에 남아 있는 질문들도 언젠가는 풀릴 수 있을 것이다.

## 열의 도약

공간은 뜨거운가, 차가운가? 많은 사람이 공간은 대부분 '비어' 있기 때문에 차갑다고 생각할 것이다. 실제로 태양에서 멀어질수록 행성의 온도는 점점 낮아진다. 하지만 열은 공간을 가로질러 이동할 수 있고, 그 덕분에 지구는 태양 주변의 적당한 거리에서 생명이 살 수 있을 만큼 따뜻함을 유지한다. 복사 에너지는 진공을 지나 지구에 열을 전달할 수 있다. 이렇게 우리는 이렇게 생명을 유지하기 위해 태양에 의존하는 동시에 위험한 태양 입자 방출로부터 스스로를 보호해야 한다.

지구에서는 열은 전도와 대류, 방사 등을 통해 전달된다. 핫초코를 예로 들어 보자. 따뜻한 핫초코가 담긴 컵을 손으로 잡으면 열전도가 일어난다. 이때 핫초코로 데워진 머그잔을 통해 열이 천천히 손으로 전달된다. 고체에서는 분자들이 액체나 기체처럼 자유롭게 움직이지 않기 때문에 이런 전도 과정은 비교적 느리다.

반면 대류는 에너지가 유체를 통해 전달될 때 발생한다. 대류 순환은 하늘에서 날씨가 만들어지거나, 우리가 집에서 방의 온도를 조절할 때에도 발생한다. 두 경우 모두 차가운 공기는 밀도가 높기 때문에 바닥으로 내려가고, 차가운 물은 가라앉는다. 차가운 공기가 아래로 움직이면 그 공기는 난

방기나 태양에 의해 따뜻해진다. 공기가 따뜻해지면 공기는 방의 윗부분으로 올라가며, 이 순환은 시간에 따라 천천히 반복된다. 가장 빠른 열전달 방식은 복사다. 캠프파이어 앞에 서 있을 때 느끼는 열처럼, 복사는 전자기파를 통해 열이 직접 전달되는 방식이다. 다만 양자 수준에서는 이런 고전적인 열전달 개념들이 다르게 나타날 수 있다.

캘리포니아대학교University of California의 하오쿤 리Hao-Kun Li와 동료들은 열이 진공을 건너뛸 수 있음을 보여 줬다. 연구자들은 매우 작은 북처럼 생긴 두 개의 막을 진공에 놓고, 두 막을 다른 온도로 가열했다. 그러자 더 뜨거운 막은 더 빠르게 진동했고, 두 막은 함께 양자 요동을 일으켰다. 이 요동을 통해 열이 전달되면서, 결국 뜨거운 막에서 차가운 막으로 열이 이동해 두 막은 같은 속도로 진동하게 됐다.

열이 광자와 같은 입자의 도움 없이는 진공을 통과해서 움직일 수 없기 때문에 이 연구단은 자신들이 마침내 네덜란드 물리학자 헨드릭 카시미르Hendrik Casimir의 주장을 입증한 것이라고 봤다. 카시미르 효과Casimir effect는 1948년에 카시미르가 제시한 현상으로, 에너지의 양자 요동이 진공에서 서로 물체를 잡아당긴다는 제안이다. 즉, 카시미르의 생각이 옳았을 가능성이 커진 셈이다. 과학자들은 이 연구가 초고속 회로 기판을 효과적으로 냉각하는 새로운 방법으로 이어져, 나노 기술 분야에서 열 문제를 해결하는 데 도움을 줄 수 있을 것이라 기대하고 있다.

### 대형 중첩 현상

사람이 두 곳에 동시에 존재할 수 있을까? 아직은 불가능하지만 만약 가능하다면 몇 가지 흥미로운 상황을 만들 수 있다. 이를테면 당신의 복제본을 학교나 직장에 보내고, 당신은 집에서 하루 종일 쉬고 있을 수도 있다. 중첩 현상의 성질을 연구한 실험들을 보면, 적어도 양자 수준에서는 아원자 입자들이 그런 일을 할 수 있는 것처럼 보인다.

우리는 입자-파동 이중성에 따라, 입자는 측정되기 전에는 동시에 입자와 파동일 수 있음을 안다. 그중에서 입자의 스핀이 양인지 음인지는 알려지지 않은 경우, 그 입자는 두 스핀 상태를 동시에 갖는 것처럼 보인다. 이중 슬릿 실험을 진행할 때, 과학자들은 입자가 뒤편의 벽에 물결 같은 무늬를 만드는 것을 알았다. 심지어 입자가 측정되고 그 파동함수가 손실되더라도 입자는 여전히 물결무늬를 만들었다. 이것은 입자가 어떤 수준에서는 '나눠져' 있지만 여전히 같은 입자라는 뜻이다.

이 현상이 아원자 수준에서는 확인 가능하더라도 분자 수준에서는 관측된 적이 없기 때문에, 과학자들을 고민하게 만들었다. 분자는 여러 원자가 결합된 훨씬 복잡한 구조체이고, 파장이 짧아 간섭 효과를 측정하기가 매우 어렵다. 만약 약 2천 개의 원자로 이뤄진 거대한 분자라면, 그 간섭무늬는 수소 원자 하나보다도 작은 크기가 된다.

파인Fein과 동료들은 2019년에 매우 큰 분자의 양자 간섭을 성공적으로 확인했음을 설명하는 논문을 발표했다. 이 분자는 "플루오로알킬설파닐 사슬로 감싸인 올리고-테트라페닐포르피린"이라고 한다(Fein et al., 2019). 연구진은 이 분자를 가열한 뒤 길이 2미터의 간섭계에 통과시켰다. 이때 중력, 열, 그리고 여러 환경 요인을 모두 고려한 끝에, 이처럼 거대한 분자조차도 기술적으로는 동시에 두 위치에 존재하는 것처럼 보이는 중첩 상태를 경험할 수 있음을 보여 줬다. 그러나 너무 앞서 나갈 필요는 없다. 과학은 아직 인간처럼 극도로 복잡한 존재를 복제하거나 중첩시키는 단계에는 전혀 이르지 못했으니 말이다.

### 현실을 깨기

사람마다 현실을 정의하는 법은 다르고, 거시적 세계에서 살아가는 우리는 매일 오감에 의존해 삶의 방향을 잡는다. '배가 고프다', '이 물을 마셔도 안전할까?', '첫 번째 자동차가 두 번째 자동차와 충돌했는가?' 이런 모든 상황은 우리의 관찰 능력과 논리적 추론을 함께 요구한다. 그러나 이제 우리가 알듯이, 이러한 판단은 미시적 수준에서는 그리 간단하지 않다. 만약 벨 부등식이 실험실에서 실제로 위배될 수 있다면, 현실이 관찰자에 의해 결정된다는 코펜하겐 학파의 주장이 옳았음을 시사한다.

2019년에 스코틀랜드 에든버러의 헤리엇-와트대학교Heriot-Watt University에서는 작은 양자컴퓨터를 써서 관찰자가 현실에 영향을 준다는 아이디어를 시험했다. 이 실험에서 연구진은 몇 주에 걸쳐 얽힌 광자를 측정하며 통계적 데이터를 수집했다. 여기서 얽힌 광자 한 쌍은 '동전'의 역할을 하고, 또 다른 쌍은 '동전을 던지는 행위'를 담당한다. 마지막 쌍은 이 '동전 던지기'를 관찰하고 측정한다. 그리고 시간이 지나 충분한 데이터가 쌓이자, 동전 던지기의 결과는 관찰자가 어떻게 측정하느냐에 따라 결정된다는 결론에 도달했다.

물론 이 실험에는 여전히 해결되지 않은 문제들이 남아 있다. 모든 가능한 설명이 완전히 배제된 것은 아니며, 빛보다 빠른 신호 전달이 존재한다는 것을 증명하지도 않는다는 것이다. 또한 관찰자가 정말로 측정 방식을 자유롭게 선택했는지에 대해서도 명확히 입증하지 못했다. 더 나아가, 광자를 과연 '관찰자'라고 부를 수 있는지도 논쟁의 여지가 있다. 하지만 물리학자 차슬라프 브루크너Časlav Brukner에 따르면, 그 대답은 '그렇다'이다. 따라서 이 실험은 완벽하다고 보기는 어렵지만, 적어도 양자 세계에서는 현실이 우리가 어떤 관점에서 바라보느냐에 실제로 의존할 수 있음을 보여 준

사례로 볼 수 있다.

## 양자 우월성

이런 양자컴퓨터는 계산을 처리하고 소프트웨어를 실행하는 데 과연 얼마나 빨라질 수 있을까? 이에 대한 구체적인 아이디어를 보려면 2019년 구글의 주장을 살펴보자. 캘리포니아대학교 연구진이 발표한 논문에서는 자신들이 진짜 양자컴퓨터 구현에 성공했다고 한다. 과연 어떻게 과학자들과 공학자들이 컴퓨터가 양자적이라는 것을 증명할 수 있었는지 궁금할 것이다. 그 열쇠는 양자컴퓨터만이 빠르게 풀 수 있는 계산을 알아내는 데 있다.

기존의 슈퍼컴퓨터는 매우 복잡한 수식과 시뮬레이션을 처리하는 데 강력한 성능을 보이지만, 그조차도 사실상 감당할 수 없는 특수한 계산들이 존재한다. 구글에 따르면, 자사의 양자컴퓨터는 바로 그런 계산을 성공적으로 수행했다. 같은 계산을 기존 슈퍼컴퓨터로 처리하려면 약 1만 년이 걸릴 것이라고 한다. 물론 이 계산 자체는 실용적인 쓰임은 전혀 없지만, 해당 장치가 실제로 양자컴퓨터의 계산 능력을 지니고 있다는 강력한 증거로는 충분하다.

더 나아가 구글과 NASA의 연구나 IBM의 양자 계산 연구를 살펴보면 전 세계 수많은 기업이 양자계산이 성공적으로 수행됐음을 증명하는 방법을 찾는 것뿐만 아니라 언젠가는 집집마다 보급될 수도 있는 시제품을 개발하고 있다.

## 양자물리학 연구의 미래

양자물리학의 세계로 통하는 이 길이 우리를 어디로 데려갈지는 아무도 알 수 없다. 기술의 발전은 기하급수적으로 빨라지고, 오래된 문제들이 하나

둘 풀리는 동시에 새로운 질문들이 계속 등장하고 있기 때문에 지금 이 시점에서 단정적으로 말하기는 어렵다. 2021년만 해도 양자인터넷을 향한 첫 걸음으로 다중 노드 양자 네트워크가 구축됐고, 동시에 테세우스Theseus라는 인공지능은 머신러닝 알고리듬을 활용해 복잡한 양자 상태 계산 문제를 풀기 시작했다. 더 나아가 빛을 사용해 물질을 만들어 낼 수 있다는 아인슈타인의 몇몇 제안 역시 이론에 그치지 않고 실제로 가능하다는 점이 증명되기 시작했다.

수십 년 전만 해도 빛의 충돌로부터 입자가 만들어질 수 있다는 아이디어는 터무니없어 보였을 것이다. 하지만 양자물리학의 세계는 항상 변하고 있다. 불확실하고 신비로운 양자 세계에서 관찰되는 입자들처럼, 이 분야의 연구는 어려운 질문을 던지고, 우리가 현실이라고 정의하는 개념의 경계를 망설임 없이 파고든다. 이 분야를 더 깊이 파고들었을 때, 과연 어디까지 도달할 수 있을지 무척 궁금하다!

# PART2
# 결론

"우리가 말로 표현할 수 있는 현실은 절대로 현실 그 자체가 아니다."

베르너 하이젠베르크(Werner Heisenberg)

"이번 여행, 꽤 좋았다"라고 생각하며 돌아오는 길, 우리는 숲에 인사를 남기고 단골 카페로 발걸음을 옮긴다. "야생이여, 안녕." 그리고 도시에 말을 건넨다. "빌딩 숲이여, 반갑다." 이후, 신용카드를 꺼내 커피를 주문하려는 찰나, 문득 궁금해진다. 이 일상적인 거래 행위가 얼마나 양자 세계와 양자 물리학에 의존하고 있을까?

우리가 자연에서 시간을 보내든 집에서 기술적 편리를 누리든 우리가 경험하는 모든 환경은 예측 불가능한 입자의 파동에 기초하고 있다. 우리가 받는 의료 처치와 우리가 사용하는 컴퓨터 모두 양자물리학의 혁신적 지식으로 만들어졌다. 거울에 비친 우리 얼굴을 자세히 들여다보고 원자 수준 아래로 깊이 내려가 보면 우리 자신이 파동과 에너지 같은 일시적인 무언가로 이루어져 있음을 깨닫게 될 것이다. 이는 마치 초현실적인 깨달음과 같다. 더욱이 이런 입자의 파동과 에너지는 우리가 일상에서 경험하는 시간과 현실의 법칙을 따르지 않는다.

어떤 측면에서는 양자물리학이 신비롭고 이상하고 이해하기 어려워 보일 수 있다. 이론 수학적인 공식으로 채워진 칠판을 마주하면 그 뒤에 숨겨진 방대한 연구와 분석의 양을 깨닫기 시작한다. 그렇지만 양자물리학의 기초를 이해하는 것은 '기묘한' 과학에 대해 어떤 새로운 것을 찾아내는 것 이상의 의미가 있다. 그것은 과학자들이 오랜 시간 동안 걸어온 진실 탐구의 여정을 함께 이해하는 일이다. 과학적 발견과 이론은 처음부터 완성된 형태로 등장하지 않으며, 현실을 더 정확히 설명하기 위해 끊임없이 수정되고 다듬어지는 과정을 거친다.

그들의 발견이 원하는 것이었든 예상했던 것이었든, 양자물리학의 선구자들은 자신들이 발견한 기묘한 새로운 세계를 받아들이고 이해하려 노력했다. 시간이 지남에 따라 어떤 이론과 모형은 틀렸음이 증명됐고, 다른 것들은 아직 검증되거나 배제되지 않은 상태로 남아 있다. 어쩌면 양자물리학은 우리에게 호기심을 잃지 않는 태도, 쉽게 포기하지 않는 끈기, 그리고 탐구를 향한 열정이 얼마나 중요한지를 보여 주는 가장 좋은 교훈일지도 모른다.

## 양자물리학 이해하기

많은 저명한 물리학자와 과학자는 "양자물리학을 이해했다고 생각한다면, 아마도 아무것도 이해하지 못한 것일지 모른다"고 말하곤 한다. 이 말의 핵심은 양자물리학의 복잡성, 자연이 제시하는 근본적 도전 그리고 이 분야의 연구가 지닌 선구적 독창성을 강조하는 것이다. 오늘날 우리는 이러한 여러 발견을 인정하지만 아인슈타인과 그의 동료 과학자는 양자얽힘, 입자-파동 이중성, 중첩 현상을 쉽게 받아들이지 못했다. 그들에게 이는 마치 세상의 질서가 완전히 뒤집힌 느낌이었을 것이며, 미시적이고 아원자적인 영역에서는 그동안 당연하게 여겨졌던 규칙들이 모두 무너져 내리는 듯 보였을 것이다.

일상의 경험은 우리에게 명확한 규칙들을 가르쳐준다. 공을 위로 던지면 반드시 다시 떨어지고, 얼음은 물처럼 마실 수 없으며, 손을 놓으면 물체는 바닥으로 떨어진다. 스크램블 에그는 다시 생계란으로 돌아가지 않고, 깨진 머그컵도 원래 상태로 되돌릴 수 없다. 우리는 오감을 통해 세계와 상호작용하며, 그 경험 속에서 안정성과 논리, 일관성을 찾아왔다. 이러한 거시적 현실에 대한 이해는 우리의 삶을 지탱해 왔고, 기술의 발전과 의료 혁신, 그리고 편리한 일상생활의 기반이 됐다. 하지만 원자 수준으로 내려가면, 우리가 알고 있던 이 법칙들은 더 이상 그대로 적용되지 않는다.

양자물리학에서 우리는 이중성을 발견한다. 입자-파동 이중성은 관측 이전에 입자가 파동이면서 동시에 입자라는 의미다. 관측하는 순간 입자는 파동의 특성에 따라 무작위적으로 보인다. 다음으로 중첩 현상이 있다. 이는 입자가 동시에 여러 상태를 지닐 수 있으며, 다른 입자와 시공간을 공유할 수 있음을 의미한다. 더욱 놀라운 개념은 양자얽힘이다. 얽힌 입자들은 측정 방식에 따라 즉각적으로 서로에게 영향을 미치는데, 아인슈타인은 이를 "섬찟한 원격 작용"이라고 불렀다. 마지막으로 역인과 관계라는 개념도 있다. 이는 입자의 측정이 현재뿐 아니라 과거에도 영향을 미치는 것처럼 보이는 현상을 가리킨다.

이 모든 개념은 이해하기도, 받아들이기도 쉽지 않다. 그럼에도 불구하고 양자물리학자들은 지속적인 실험과 이론 연구를 통해 이러한 신비가 점차 더 명확해질 것이라 믿고 있다. 그날이 오기 전까지, 양자물리학은 여전히 최첨단 기술과 과학적 발견이 이루어지는 최전선에서 우리의 세계관을 확장해 나가고 있다.

## 양자의 힘

그렇다면 앞으로 더 빠른 스마트폰이 등장할까? 더 효율적인 글로벌 뱅킹 네트워크가 구축될까? 비디오 게임이 더 복잡하고 재밌어질까? 인터넷과 클라우드 망은 훨씬 더 좋아질까? 지금 당장은 "그렇다!"라고 쉽게 말할 수 있을지도 모른다. 하지만 현실적으로 말하자면 현재 존재하는 양자물리학 연구는 더 심층적인 과학 연구를 지원할 양자컴퓨터 및 기타 기술 장치의 기반을 마련하는 데 집중돼 있다. 큐비트 칩의 성능이 향상됨에 따라 연구자들은 더 크고 복잡한 계산을 수행할 수 있게 될 것이다. 이는 양자역학이 실용적인 응용 분야에 적용되면서 다른 분야의 혁신을 촉진하는 데 기여할 수 있다.

이미 우리는 양자물리학이 우리 세계에 미친 영향을 목격하고 있다. 신용카드를 긁을 때마다, 바코드를 사용할 때마다, MRI 촬영을 할 때마다, 레이저 포인터를 사용할 때마다, 우리는 실용적으로 적용된 양자물리학 연구의 결과를 만끽한다.

오늘날 양자 시계, 양자 암호, 양자 현미경은 IT와 과학 연구의 최전선을 계속해서 넓혀 가고 있다. 양자 시계 덕분에 위성 간 통신은 더욱 안정적이고 정밀해졌고, 그 결과 우리의 스마트폰은 훨씬 더 정확한 GPS 신호를 받을 수 있게 됐다. 이는 우주의 근본적인 성질을 탐구해 온 양자물리학자들의 연구가 만들어 낸 직접적인 결과다.

그럼에도 미래에는 여전히 많은 미지의 영역이 남아 있다. 일부 양자물리학자와 이론물리학자는 아원자 수준에서 중력이 다른 기본 힘들과 어떻게 연결되는지를 이해하려고 노력하고 있다. 동시에 수많은 연구자는 기존 기술을 개선하거나, 완전히 새로운 사고 모델을 제시하며, 아직 풀리지 않은 오래된 질문들에 답을 찾고자 한다. 마지막 장에서 살펴본 것처럼, 지금 이 순간에도 흥미로운 실험들이 계속 진행되고 있으며, 어떤 질문에는 답을 주는 동시에 또 다른 수수께끼를 드러내고 있다. 앞으로 무엇이 펼쳐질지 생각해 보면, 그 자체만으로도 충분히 설레는 일이다.

## 물리와 당신

양자물리학 연구는 객관적으로 확인될 수 있는 것이 거의 없다는 점을 받아들여야 한다. 쉽지 않은 일이다. 그러나 그만큼 이는 우리가 우주를 바라보는 새로운 관점을 허용해 준다. 처음에는 압도적으로 느껴질 수도 있다. 하지만 인내심을 갖고 변화에 열린 마음으로 접근한다면, 양자물리학은 생각보다 많은 것을 건네줄 것이다. 이 책을 읽은 다음, 당신은 양자물리학의 이론과 질문을 공략하고 싶어질 수도 있다. 만약 이미 수학과 물리학에 흥미를 느끼고 있다면 어떤 것도 당신을 막지 못하게 하라!

양자물리학을 이해하기 위한 가장 좋은 출발점은 '과거'다. 양자물리학은 단지 현재의 현상만을 다루는 학문이 아니라, 과거에 제기된 사상과 깊이 맞닿아 있다. 그래서 고전물리학의 개념부터 차근차근 살펴보는 것이 중요하다. 과학적 탐구의 역사를 이해하다 보면, 오늘날 왜 특정한 결론들이 받아들여지게 됐는지도 자연스럽게 보이기 시작할 것이다. 아이작 뉴턴 경에서 출발해, 1장에서 언급한 알베르트 아인슈타인, 닐스 보어, 에르빈 슈뢰딩거, 베르너 하이젠베르크, 데이비드 봄 같은 물리학자들의 연구와 저서를 따라가 볼 수 있다. 여기에 더해 루이 드 브로이, 폴 디랙, 리처드 파인만, 줄리안 슈윙거, 도모나가 신이치로의 업적도 훌륭한 탐구 대상이다. 특히 리처드 파인만의 『파인만의 물리학 강의』는 양자물리학으로 들어가는 매우 좋은 출발점이 돼 줄 것이다. 최신 연구와 논문들은 오늘날 arXiv.org에서 누구나 온라인으로 확인할 수 있다.

양자물리학을 깊이 탐구하고 싶든, 이를 직업으로 삼고 싶든, 아니면 단순히 새로운 발견을 따라가는 즐거움을 누리고 싶든, 당신은 도전과 불확실성, 그리고 다소 '섬찟한 작용'에 마주하게 될 것이다. 하지만 그 과정 속에서 우리가 살고 있는 우주가 얼마나 놀랍고 복잡한 곳인지 새삼 깨닫게 될지도 모른다. 새로운 발견이 나올 때마다 양자 영역은 또 다른 질문을 던질 것이다. 양자물리학의 주관적인 특성 때문에 진실에 완전히 도달하는 일은 영원히 불가능해 보일 수도 있다.

그래도 포기하지 마라. 양자 세계가 전하는 메시지에 귀 기울여 보라. 보이는 것이 전부는 아니다. 현실이 품고 있는 가능성은 무한하다. 변화와 실수를 받아들이는 일은 성장과 배움의 중요한 일부다.

계속 나아가고, 계속 변화하라. 어쩌면 결국 목적지보다 그 여정 자체가 더 중요할지도 모른다.

### 용어집

# 기초 용어 정의

## ㄱ

**간섭 현상**(Interference): 파동이 겹쳤을 때 서로를 강화시키거나 상쇄시키는 양자적 현상을 말한다.

**강입자**(Hadron): 쿼크로 만들어진 입자로, 강한 핵력으로 묶여 있다. 바리온(양성자나 중성자)이나 중간자[meson]가 강입자의 예시다.

**강한 핵력**(Strong force): 원자핵 안의 양성자와 중성자를 붙잡고 있는 힘이다.

**격자**(Lattice): 공간의 점들이 규칙적으로 배열된 것으로, 양자계에서 결정 구조를 묘사하는 데 사용된다.

**결맞음**(Coherence): 파동함수의 모든 부분이 동기화되는 양자계의 특성을 말한다.

**결어긋남**(Decoherence): 양자계가 양자적 거동을 잃어버리는 과정으로, 대체로 환경과의 상호작용 때문에 발생한다.

**겹침**(Degeneracy): 둘 이상의 양자 상태가 같은 에너지를 갖는 조건이다.

**경입자**(Lepton): 전자, 뮤온, 중성미자와 같은 기본 입자의 종류. 쿼크와 달리 경입자는 강한 핵력을 느끼지 않는다.

**고유상태**(Eigenstate): 특정한 고윳값에 대응하는 양자 상태를 말한다.

**고윳값**(Eigenvalue): 양자계에서 관측 가능량의 가능한 값을 말한다.

**공명**(Resonance): 양자계가 외부 에너지원에서 에너지를 효율적으로 흡수하는 조건이다.

**관측가능량**(Observable): 양자계에서 위치, 운동량, 스핀과 같이 측정될 수 있는 물리량을 말한다.

**광자 에너지**(Photon energy): 광자가 전달하는 에너지로, 그 진동수에 비례한다.

**광자**(Photon): 전사기력을 선날하는 빛의 기본 입자다.

**광전 효과**(Photoelectric effect): 금속 표면에 빛을 쬘 때 전자가 방출되는 현상으로, 아인슈타인이 광자 개념을 써서 설명했다.

**교환자**(Commutator): 두 양자연산자와 그 순서의 관계를 보여 주는 연산자

**구역판**(Zone plate): 회절을 통해 빛을 집중시키는 데 사용하는 광학 장치로, 엑스선 광학에서 주로 사용된다.

**굴절**(Refraction): 공기에서 물과 같이 한 매질에서 다른 매질로 넘어갈 때 빛이나 다른 파동이 구부러지는 것으로, 속도와 방향이 바뀐다.

**글루온**(Gluon): 쿼크를 묶어서 양성자, 중성자 그리고 다른 강입자를 만들도록 하는 강한 핵력strong nuclear force을 매개하는 힘 전달자로 작용하는 입자를 뜻한다.

**기댓값**(Expectation value): 특정한 상태에 있는 양자계에 대한 관측가능량의 평균값을 말한다.

**끈 이론**(String theory): 입자가 점이 아닌 1차원의 끈이라는 이론 틀을 말한다.

## ㄷ

**더블유 보손**(W boson): 약한 핵력을 매개하는 입자로, 방사성 물질이 베타 붕괴를 하는 이유가 된다.

**동위원소**(Isotope): 중성자의 수가 다른 화학 원소의 변종이다.

**드 브로이 파장**(de Broglie Wavelength): 어떤 움직이는 입자에 관련된 파장으로, 입자-파동 이중성을 나타낸다.

**들뜬 상태**(Excited state): 전자가 바닥 상태보다 더 높은 에너지 준위에 있는 경우를 뜻한다.

**디랙 방정식**(Dirac equation): 전자와 같은 페르미온의 거동을 묘사하는 상대론적 방정식이다.

## ㄹ

**라디오파**(Radio wave): 가장 긴 파장과 가장 낮은 진동수를 가지는 전자기파로, 대체로 통신에 사용된다.

**레이저**(LASER): 광학적 증폭 과정을 통해 결맞은 빛을 방출하는 장치다.

**리드버그 상수**(Rydberg Constant): 수소의 전자 상태 전이 에너지에 관련된 상수다.

## ㅁ

**물질**(Matter): 질량과 공간을 차지하는 어떤 것으로, 물질은 고체, 액체, 기체, 플라스마와 같은 다양한 꼴로 존재한다.

**뮤온**(Muon): 전자와 유사하지만 질량이 훨씬 더 큰 기본 입자. 뮤온은 불안정해 전자, 중성미자 그리고 다른 입자로 붕괴한다.

**미세구조상수**(Fine structure constant): 전자기력의 세기를 특징짓는 기본적인 물리상수를 말한다.

## ㅂ

**바닥 상태**(Ground state): 원자나 입자의 가장 낮은 에너지 상태를 뜻한다.

**바리온**(Baryon): 3개의 쿼크quark로 만들어진 아원자 입자의 한 종류로, 양성자와 중성자를 포함한다. 바리온은 강입자hadron 족의 일부분으로, 우주에서 눈에 보이는 물질의 대다수를 구성한다.

반감기(Half-life): 붕괴하는 방사성 물질의 표본에 있는 원자가 절반이 되는 데 걸리는 시간. 방사성 동위원소 각각은 특정한 반감기를 가진다.

반물질(Antimatter): 반입자로 만들어진 물질로, 같은 질량을 갖지만 전하량이 통상 물질과 비교할 때 반대다. 물질과 반물질이 만나면 서로 소멸하며 에너지를 방출한다.

방사능(Radioactivity): 불안정한 원자핵에서 저절로 방사선이 방출되는 현상으로, 알파선alpha ray, 베타선beta ray, 감마선gamma ray의 꼴로 에너지와 입자가 방출된다.

배타 원리(Exclusion principle): 파울리의 원리로, 두 페르미온이 동시에 같은 양자 상태를 점유할 수 없다는 원리를 말한다.

벨 정리(Bell's theorem): 양자역학의 특정한 예측은 국소적 숨은 변수 이론과는 어울릴 수 없음을 보여 주는 원리를 뜻한다.

보손(Boson): 보즈-아인슈타인 통계를 따르고 다른 보손 입자와 같은 양자 상태를 점유할 수 있는 입자의 종류. 예를 들어 광자와 힉스 보손Higgs Boson이 있다.

보어 모형(Bohr Model): 전자가 핵 주변의 특정 에너지 준위에 있는 궤도를 돈다고 하는 원자 모형이다.

보어 반지름(Bohr radius): 수소 원자에서, 핵과 전자 사이의 거리 중 가장 확률이 높은 지점을 뜻한다.

불확정성 원리(Uncertainty principle): 어떤 입자의 위치와 운동량을 동시에 완벽하게 정확히 알아낼 수 없다는 개념이다.

붕괴(Collapse): 측정에 따라 양자 파동함수가 단일 상태로 줄어드는 현상이다.

브라켓 표기법(Bra-ket notation): 양자 상태를 나타내기 위해 양자역학에서 사용되는 수학적 표기법이다.

**블로흐 구**(Bloch sphere): 양자컴퓨터의 큐비트와 같은 2준위 양자계의 상태를 나타내기 위해 양자역학에서 사용하는 기하학적 표현이다.

**빛**(Light): 인간의 눈으로 볼 수 있는 전자기복사로, 전자기 스펙트럼의 작은 부분을 차지한다. 광자는 빛의 기본 입자다.

## ㅅ

**상대성이론(특수 및 일반)**: 아인슈타인이 개발한 이론으로 시간, 공간, 중력이 큰 규모에서 어떻게 상호작용하는지 설명한다.

**상보성**(Complementarity): 보어의 원리로, 물체가 실험 장치에 따라서 입자적 특성이나 양자적 특성을 보여 준다는 원리를 말한다.

**상태**(State): 양자계의 조건으로, 에너지나 위치와 같은 특성으로 정의된다.

**소인수**(Prime factor): 소수이면서 다른 수에 곱해서 또다른 수를 만들어 내는 수. 양자컴퓨터에서 진행되는 소인수 분해는 암호의 핵심적 역할을 한다.

**슈뢰딩거 방정식**(Schrödinger Equation): 시간에 따라 계의 파동함수가 어떻게 변하는지 설명하는 양자역학의 핵심 방정식이다.

**슈뢰딩거의 고양이**(Schrödinger's Cat): 양자역학에서 중첩과 측정 개념을 설명하기 위한 사고 실험을 말한다.

**슈바르츠실트 반지름**(Schwarzschild radius): 물체가 무거운 별 근처에서 탈출하기 위한 속도가 빛의 속도와 같은 반지름으로, 블랙홀에 연관된다.

**스칼라 보손**(Scalar boson): 양자장론에서 힘을 전달하지만 스핀이 없는 입자. 힉스 보손이 스칼라 보존의 일종이다.

**스퀴드**(SQUID): 초전도 양자 간섭 장치Superconducting QUantum Interference Device로, 극도로 미세한 자기장을 측정하기 위해 사용되는 매우 민감한 측정 장치를 뜻한다.

**스핀**(Spin): 입자 자체의 내재적인 각운동량을 설명하는 양자적 특성이다.

**스핀-궤도 결합**(Spin-Orbit Coupling): 입자 스핀과 입자 움직임 사이의 상호작용으로, 에너지 준위에 영향을 준다.

**시간의 엔트로피 화살**(Entropic Time Arrow): 양자계에서 엔트로피가 증가하는 방향으로 시간이 움직인다는 개념이다.

## ㅇ

**약한 핵력**(Weak nuclear force): 자연의 네 가지 기본 힘 중 하나로, 방사성 붕괴의 원인이다.

**양성자**(Proton): 원자의 핵에 있는 양전하로 대전된 입자를 말한다.

**양자 상태**(Quantum State): 입자의 위치와 에너지처럼 양자계를 완전히 설명하는 정보의 집합. 대체로 파동함수로 정의된다.

**(양자) 원격 작용**((Quantum) Teleportation): 얽힘을 사용해 먼 거리 사이에서 양자 정보를 전송하는 과정을 뜻한다.

**양자 제논 효과**(Quantum Zeno Effect): 주기적인 측정으로 양자계의 시간 변화를 방해해 그 상태를 "얼어붙은" 것처럼 보이게 하는 현상이다.

**양자 측정학**(Quantum Metrology): 고전적 한계를 넘어서 정확한 측정을 하기 위해 양자역학을 사용하는 분야다.

**양자 푸리에 변환**(Quantum Fourier Transform): 쇼어 알고리듬Shor algorithm과 같은 특정한 양자 알고리듬에 중요한 수학적 연산이다.

**양자**(Quantum): 에너지나 물질과 같은 어떤 물리적 특성의 가장 작은 가능한 단위다.

**양자 간섭**(Quantum Interference): 양자적 실험 결과의 확률이 입자-파동 이중성에 의해 영향을 받는 현상으로, 보강 간섭이나 상쇄 간섭이 발생한다.

양자거품(Quantum foam): 양자수준에서는 시공간이 매끄럽지 않고 요동친다는 개념을 뜻한다.

양자논리게이트(Quantum logic gate): 양자컴퓨터의 기본 연산 단위로, 큐비트를 조작한다.

양자도약(Quantum Leap, Quantum Jump): 원자 안의 전자가 한 에너지 준위에서 다른 에너지 준위로 갑자기 옮겨 가는 현상이다.

양자색역학(QCD, Quantum ChromoDynamics): 양성자와 중성자를 만드는 쿼크와 글루온의 거동을 설명하는 이론이다.

양자수(Quantum number): 양자계의 입자의 성질을 설명하는 수다.

양자 암호(Quantum cryptography): 양자역학을 활용해 데이터를 안전하게 암호화하고 전송하는 기술을 말한다.

양자역학(Quantum Mechanics): 원자와 아원자 수준에서 입자의 거동을 다루는 물리학의 분야를 말한다.

양자오류보정(Quantum Error Correction): 결어긋남과 다른 양자적 잡음 때문에 발생한 양자정보를 오류에서 보호하는 기술을 뜻한다.

양자요동(Quantum Fluctuation): 양자계에서 저절로 발생하는 에너지의 순간적 변화를 뜻한다.

양자우물(Quantum Well): 입자를 가두는 퍼텐셜 에너지 구조로, 반도체 장치에서 자주 사용된다.

양자 우월성(Quantum Supremacy): 양자컴퓨터가 고전컴퓨터보다 더 빨리 문제를 풀 수 있는 지점을 말한다.

양자장(Quantum Field): 시간과 공간 전체에 존재하는 장으로, 양자입자와 관련된다.

양자장론(Quantum Field Theory): 양자역학과 특수 상대성이론을 결합해 양자장의 거동을 설명하는 이론 틀이다.

**양자전기역학**(QED, Quantum ElectroDynamics): 양자역학과 특수 상대성이론을 사용해 빛과 물질이 어떻게 상호작용하는지 설명하는 이론이다.

**양자조화진동자**(Quantum Harmonic Oscillator): 평형점에 대해 진동하는 퍼텐셜 우물 안의 입자를 설명하는 모형이다.

**양자 중력**(Quantum gravity): 양자역학의 원리에 따라 중력을 설명하려고 시도하는 이론 틀이다.

**양자중첩현상**(Quantum superposition): 양자계가 여러 상태에 동시에 존재할 수 있다는 원리다.

**양자컴퓨터**(Quantum computer): 양자비트[qubit]를 사용하고 계산을 수행하기 위해 중첩과 얽힘의 원리를 사용하는 컴퓨터를 뜻한다.

**양자 키 분배**(QKD, Quantum Key Distribution): 양자원리를 사용해 암호 키를 안전하게 공유하는 기법이다.

**양자화**(Quantization): 특정한 물리적 성질이 불연속적인 값으로만 존재할 수 있다는 개념을 뜻한다.

**양자회로**(Quantum Circuit): 양자 게이트를 써서 큐비트에 대한 연산을 수행하는 양자계산 모형이다.

**양전자**(Positron): 전자의 반입자로, 질량은 같지만 전하의 부호가 반대다.

**얽힘**(Entanglement): 둘 또는 그 이상의 입자가 연결돼, 한 입자의 상태가 거리에 상관없이 다른 입자의 상태에 직접 영향을 주는 양자적 현상이다.

**에너지 보존**(Conservation of energy): 에너지는 만들어지거나 없어질 수 없으며 변환만 가능하다는 원리를 뜻한다.

**에너지 준위**(Energy Level): 원자에 있는 전자가 가질 수 있는 불연속적인 에너지 값이다.

**에렌페스트 정리**(Ehrenfest theorem): 고전역학과 양자역학을 연결하는 결과다.

**엑스선**(X ray): 자외선보다 짧은 파장을 가지는 전자기파의 한 모습으로, 대체로 의료 영상과 물질의 구조 연구에 사용된다.

**엠-이론**(M-theory): 11차원 시공간을 통해 우주의 기본적인 힘과 기본 입자를 설명하려고 시도하는 이론 물리에서 제안된 통일 이론이다.

**연산자**(Operator): 관측가능량을 표현하기 위해 파동함수에 작용하는 수학적 대상을 뜻한다.

**영점 에너지**(Zero-point energy): 양자계가 가질 수 있는 가능한 가장 낮은 에너지로, 절대영도에서도 존재한다.

**운동에너지**(Kinetic energy): 움직이기 때문에 물체가 갖게 되는 에너지. 양자역학에서 운동에너지는 원자 수준과 아원자 수준의 입자들의 거동에서 역할을 한다.

**원자**(Atom): 물질의 기본 단위이며 양성자, 중성자, 전자로 이뤄진다.

**원자핵**(Nucleus, Nuclei): 원자의 중심에서 양전기를 띤 것으로, 양성자와 중성자로 만들어진다. 원자핵은 원자 질량의 대부분을 차지한다.

**유니터리성**(Unitarity): 사건이 발생할 가능성을 모두 합치면 1이 되는 양자역학의 원리를 뜻한다.

**이온**(Ion): 원자나 분자가 하나 이상의 전자를 얻거나 잃은 상태로, 양전하나 음전하를 가진다.

**이온화**(Ionization): 원자나 분자에서 전자를 제거하는 과정을 뜻한다.

**이중 슬릿 실험**(Double slit experiment): 간섭무늬를 통해 입자-파동 이중성을 보여 주는 양자역학의 유명한 실험이다.

**일반 상대성이론**(General relativity): 중력을 질량과 에너지에 의해 야기된 시공간의 왜곡으로 나타내는 아인슈타인의 이론. 일반 상대성이론은 블랙홀이나 우주의 팽창 같은 대규모 현상을 설명한다.

**입자-파동 이중성**(Particle-wave duality): 양자적 대상이 입자와 파동의 특성을 둘 다 보인다는 개념이다.

## ㅈ

**자성**(Magnetic): 자기장에 노출됐을 때 힘을 경험하는 입자나 물질이 가지는 성질. 자기장은 전기를 띤 입자의 움직임에서 발생한다.

**사외선**(UV, UltraViolet): 파장이 가시광선보다 짧지만 X선보다는 긴 전자기파로, 화상의 원인이 되기도 한다.

**장**(Field): 공간과 시간의 각 점에 수치로 표현된 물리적 양으로, 중력이나 전자기력 같은 힘을 나타낼 수 있다.

**재규격화**(Renormalization): 무한대를 제거해 예측값을 유한하고 의미 있게 만드는 양자장론의 계산 과정이다.

**적외선**(Infrared): 가시광선보다는 길지만 전파보다는 짧은 파장을 가지는 전자기복사. 적외선 광은 대체로 열과 관련된다.

**전자 구름**(Electron cloud): 전자를 발견할 가능성이 있는 핵 주변의 영역이다.

**전자 스핀**(Electron spin): 자기 모멘트를 만들어 내는 전자의 양자적 특성이다.

**전자**(Electron): 음의 전기를 갖고 원자의 핵 주변 궤도에 있는 아원자 입자. 전자는 화학 반응과 전기의 핵심 역할을 한다.

**절대영도**(Absolute zero): 가능한 가장 낮은 온도로, 입자 운동이 최소화된다.

**제곱**(Squared): 자기 자신과 곱해진 수나 값을 구하는 수학적 연산. 양자역학에서 확률은 대체로 파동함수의 진폭을 제곱해서 구한다.

**제논 효과**(Zeno effect): 반복적으로 계를 측정해 그 변화를 방해하는 양자적 현상을 말한다.

**제이만 효과**(Zeeman Effect): 자기장의 존재로 인해 원자의 스펙트럼 선이 분리되는 현상을 말한다.

**제트 보손**(Z boson): 더블유 보손과 함께 자연의 네 가지 기본 힘 중 하나인 약한 핵력을 매개하는 입자다.

**젭토초**(Zeptosecond): 1조 분의 1의 10억 분의 1초($10^{-21}$초)로, 물리학에서 초고정밀 측정에 사용되는 아주 짧은 시간 단위다.

**중성미자**(Neutrino): 물질과 약한 상호작용을 하며 거의 질량이 없는 중성 입자다.

**중성자**(Neutron): 원자의 핵에서 찾을 수 있는 중성 입자다.

**중첩**(Superposition): 하나의 양자계가 동시에 여러 상태에 존재하는 능력이다.

**진공 상태**(Vacuum State): 양자장론에서 "빈" 공간을 표현하는 방법으로, 모든 장이 모두 가장 낮은 에너지 상태에 있다. 대체로 "영점 에너지" 개념과 연관된다.

**진공 에너지**(Vacuum energy): 배경의 에너지가 우주를 가득 채우고 있는 것을 감안해, 양자요동에서 나타나는 진공 상태에 연관된 실제 에너지 값이다.

**진동**(Oscillation): 진자의 왕복 운동이나 양자계의 반복적인 파동과 같이 중심점 주변을 정기적으로 오가는 운동을 뜻한다.

**진동수**(Frequency): 1초에 진동이나 파동이 완성되는 횟수로, 대체로 헤르츠Hz, Hertz 단위로 측정한다. 진동수는 파장에 반비례한다.

**진폭**(Amplitude): 파동이나 진동의 가장 큰 범위로, 정지 지점에서 측정한다. 양자역학에서 진폭은 특정한 상태의 입자를 찾을 확률에 관계된다.

**질량**(Mass): 물체에 있는 물질의 양으로, 가속에 저항하는 정도와 다른 물체를 끌어당기는 중력을 결정한다.

## ㅊ

**초전도성**(Superconductivity): 낮은 온도에서 특정 물질의 전기저항이 0이 되는 양자역학적 현상을 뜻한다.

**초전도체**(Superconductor): 극도로 낮은 온도에서 전기저항이 0이 되는 물질이다.

**측정 문제**(Measurement problem): 어떻게, 그리고 언제 양자계가 정해진 상태로 붕괴하는지에 관한 풀리지 않은 문제를 뜻한다.

**치터베베궁 진동**(Zitterbewegung Oscillation): 전자와 같은 상대론적 입자에 대해 예측되는 급격한 진동 운동을 뜻한다.

## ㅋ

**카시미르 효과**(Casimir Effect): 양자 현상으로, 진공 상태에서 전하를 띠지 않은 두 금속판이 양자 진동으로 인해 서로 끌릴 수 있다.

**컴프턴 산란**(Compton Scattering): 엑스선이나 감마선이 전자에 의해 산란될 때 파장이 길어지는 (에너지가 줄어드는) 현상이다.

**켓**(ket): 양자 상태를 표현하는 힐베르트 공간의 벡터다.

**코펜하겐 해석**(Copenhagen Interpretation): 양자역학에서 통용되는 설명으로, 입자는 관찰될 때까지는 여러 상태에 동시에 존재한다고 한다.

**쿨롱 힘**(Coulomb force): 전기를 띤 입자 사이에 작용하는 정전기적 힘으로, 쿨롱의 법칙으로 나타내며 반대 전기끼리는 끌어당기고 같은 전기끼리는 밀어낸다.

**쿼크**(Quark): 양성자와 중성자를 만드는 기본 입자로, 질량, 전하가 다르며 맛깔flavor로 구분된다(위up, 아래down, 매력charm, 기묘strange, 꼭대기top, 바닥bottom).

**큐비트**(Qubit): 양자컴퓨터의 기본 정보 단위다.

## ㅌ

**타키온**(Tachyon): 항상 빛의 속도보다 더 빠르게 움직이는 가설적인 입자다.

**터널링**(Tunneling): 입자가 고전적으로는 절대로 넘어갈 수 없는 장벽을 통과하는 양자적 현상을 말한다.

**특이점**(singularity): 중력과 밀도가 무한대가 되는 공간의 한 점으로, 대체로 블랙홀에서 발견된다.

## ㅍ

**파동함수**(Wavefunction): 계의 양자 상태를 나타내는 수학적 함수로, 입자가 발견될 수도 있는 확률을 준다.

**파울리 배타 원리**(Pauli Exclusion Principle): 전자와 같은 두 페르미온은 동시에 같은 양자 상태를 점유할 수 없다는 규칙이다.

**파이온**(Pion): 하나의 쿼크와 하나의 반쿼크로 이뤄진 중간자의 한 종류로, 원자핵의 핵자 사이의 강력을 매개한다.

**파인만 경로적분**(Feynman path integral): 입자가 거쳐갈 수 있는 모든 가능한 경로에 대해서 더하는 양자역학의 계산 방법이다.

**파인만 도형**(Feynman diagram): 양자장론에서 입자의 상호작용을 시각적으로 나타내는 방법이다.

**파장**(Wavelength): 파동의 마루와 마루 사이의 거리로, 파동의 에너지와 진동수를 결정한다.

**퍼텐셜 우물**(Potential well): 낮은 퍼텐셜 에너지를 가지는 영역 안에 입자를 가둬 둘 수 있는 현상을 설명하는 개념이다.

**페르미온**(Fermion): 전자나 양성자와 같이 페르미-디랙 통계를 따르는 입자 종류로, 파울리의 배타 원리를 따른다.

**편광**(Polarization): 파동의 진동 방향. 특히 광파의 진동 방향을 뜻한다.

**포획된 이온**(Trapped ion): 전자기장을 사용해서 가둬 놓은 이온으로, 주로 정밀한 양자계산을 수행하기 위해 양자계산에서 사용된다.

**표준모형**(Standard model): 전자기력, 약한 핵력, 강한 핵력을 설명하는 이론이다.

**플랑크 길이**(Planck Length): 양자역학과 일반 상대성이론에서 의미가 있는 가장 작은 길이 단위다.

**플랑크 법칙**(Planck's law): 흑체로부터 방출되는 전자기 복사를 설명한다.

**플랑크 상수**(Planck's Constant): 기본 상수 h로, 광자의 에너지를 진동수에 연관시키며 양자역학의 핵심이다.

**플랑크 시간**(Planck Time): 양자역학에서 의미가 있는 가장 작은 시간 단위다.

**플랑크 에너지**(Planck Energy): 양자 중력 효과가 중요해질 것으로 예측되는 에너지 크기를 말한다.

**플랑크 온도**(Planck Temperature): 모든 힘에 양자역학적 효과가 나타날 수 있는 가장 높은 온도를 뜻한다.

## ㅎ

**하이젠베르크 불확정성 원리**(Heisenberg uncertainty principle): 이 원리는 당신이 입자의 위치를 더 정확히 알수록, 그 운동량에 대해서는 덜 정확하게 알게 되며, 그 반대도 마찬가지라는 내용이다.

**핵분열**(Fission): 원자핵이 하나에서 둘 이상의 더 작은 핵으로 분열되는 과정으로, 종종 에너지를 방출한다. 핵분열은 원자력 발전과 원자폭탄의 기초가 된다.

**핵융합**(Fusion): 두 원자핵이 결합해 더 무거운 핵으로 합쳐지는 과정으로 에너지가 방출된다. 핵융합은 우리의 태양을 포함한 별들의 에너지를 공급한다.

**핵자**(Nucleon): 원자핵을 만드는 입자(양성자와 중성자)를 뜻한다.

**화소**(Pixel): 화면이나 디지털 영상의 가장 작은 단위로, 시각계의 색이나 빛의 밝기를 표현한다.

**확률밀도**(Probability density): 특정 위치에서 입자를 찾을 가능성을 말한다.

**확률진폭**(Probability Amplitude): 특정한 양자적 사건이 발생할 가능성에 관련된 값으로, 종종 파동함수로 표현된다.

**확률파동**(Probability wave): 특정한 위치에서 입자를 찾을 수 있는 가능성을 예측하는 수학적인 표현을 말한다.

**회절**(Diffraction): 파동이 장애물 주변에서 구부러지는 현상이나 파동이 좁은 틈을 지나갈 때 퍼지는 현상. 빛과 소리를 포함한 모든 종류의 파동에서 발생한다.

**후각**(Olfaction): 냄새를 맡는 감각으로, 대체로 양자물리학에 연관되지는 않은 것 같지만 양자생물학의 관점에서 양자 과정이 향을 감지하는 것 같은 생물학적 기능에 어떻게 영향을 줄 수 있는지 설명하기 위해 연구한다.

**흑체 복사**(Blackbody radiation): 그 안에 들어온 모든 복사광을 흡수하는 이상적인 물체에서 방출하는 전자기파 복사. 흑체 복사의 스펙트럼은 그 물체의 온도에만 의존한다.

**힉스 보손**(Higgs boson): 힉스 장Higgs field과 연관된 입자로, 다른 입자에 질량을 주는 역할을 한다. 2012년 발견됐는데, 입자물리학의 표준 모형의 핵심적 측면을 확증했다.

**힉스 장**(Higgs field): 공간에 퍼져서 기본 입자와의 상호작용을 통해 질량을 주는 장. 힉스 보손이 이 장과 연관된 입자다.

**힐베르트 공간**(Hilbert space): 양자 상태를 표현하는 데 사용되는 수학적 공간을 뜻한다.

# 참고문헌

## PART1

*2023 | the-humble-essayist*. (n.d.). The-humble-essayist. https://www.the-humble-essayist.com/2023

A Dictionary of Physics. (2015). In *Oxford University Press eBooks*. https://doi.org/10.1093/acref/9780198714743.001.0001

Admin, C. (2003, September 12). *Mr. Uncertainty: Part 2: The battle over Heisenberg*. Christianity Today. https://www.christianitytoday.com/2000/05/mr-uncertainty-part-2-battle-over-heisenberg/

Admin, J. (2023, October 8). Bohr's Exile And The Atomic Bomb. *JYP*. https://www.journalofyoungphysicists.org/post/bohr-s-exile-and-the-atomic-bomb

*Albert Einstein: Overcame Early School Challenges, Won Nobel Prize | Aug 27, 2024*. (n.d.). https://www.elephantlearning.com/post/albert-einstein-overcame-school-challenges-won-nobel-prize

Author, N. (2024a, August 16). *Werner Heisenberg: controversial scientist – Physics World*. Physics World. https://physicsworld.com/a/werner-heisenberg-controversial-scientist/

Author, N. (2024b, August 16). *Werner Heisenberg: controversial scientist – Physics World.* Physics World. https://physicsworld.com/a/werner-heisenberg-controversial-scientist/

*Bohmian Mechanics (Stanford Encyclopedia of Philosophy).* (2021, June 14). https://plato.stanford.edu/entries/qm-bohm/

Cotton, D. (2023, January 19). *Albert Einstein Costume - Fancy dress Ideas.* Costume Rocket. https://costumerocket.com/albert-einstein-costume/

Crease, R. P. (2024, March 14). *When Bose wrote to Einstein: the power of diverse thinking – Physics World.* Physics World. https://physicsworld.com/a/when-bose-wrote-to-einstein-the-power-of-diverse-thinking/

Cushing, J. T. (1991). Quantum Theory and Explanatory Discourse: Endgame for Understanding? *Philosophy of Science, 58*(3), 337–358. https://www.jstor.org/stable/187936

De Los Angeles Fanaro, M., Arlego, M. J. F., Otero, M. R., & Elgue, M. (2018). Students' Interpretations of Quantum Mechanics Concepts from Feynman's Sum of all Paths Applied to Light. *International Journal of Physics & Chemistry Education, 10*(2), 41–47. https://doi.org/10.51724/ijpce.v10i2.19

Expert. (2024, September 8). *"Paul Dirac: Antimatter's Predictor – Merging Mathematics and Physics"* Editverse. https://editverse.com/paul-dirac-quantum-mechanics-antimatter/

Gardner, H. (2021, March 29). *An Extraordinary Commentary on the Festschrift "Mind, Work, and Life" — Howard Gardner*. Howard Gardner. https://www.howardgardner.com/howards-blog/an-extraordinary-commentary-on-the-festschrift-mind-work-and-life

Gibney, E. (2024, June 4). Exotic Quantum 'Bose-Einstein Condensate' State Finally Achieved with Molecules. *Scientific American*. https://www.scientificamerican.com/article/exotic-quantum-bose-einstein-condensate-state-finally-achieved-with/

Imdad.Alvi, & Imdad.Alvi. (2022, January 4). *Black body radiation and planck's radiation law*. Ox Science. https://oxscience.com/black-body-radiation/

Kaku, M. (2024, October 3). *Albert Einstein | Biography, Education, Discoveries, & Facts*. Encyclopedia Britannica. https://www.britannica.com/biography/Albert-Einstein/From-graduation-to-the-miracle-year-of-scientific-theories

Kazemian, S., & Fanchini, G. (2024). Influence of higher-order electron-phonon interaction on the electron-related lattice thermal properties of two-dimensional Dirac crystals. *Physical Review. B./Physical Review. B, 109*(20). https://doi.org/10.1103/physrevb.109.205422

Kbconlinegame, K. (2024, January 12). *Indian Nobel Laureates GK Questions and Answers with PDF download.* https://kbconlinegame.com/indian-nobel-laureates-gk-questions-answers/

Khan, S. (2023, September 14). *Manhattan Project Scientists Believed the Way We Get Out Alive is World Government.* Inkstick. https://inkstickmedia.com/manhattan-project-scientists-believed-the-way-we-get-out-alive-is-world-government/

Muzdakis, M. (2021, February 3). *29 legendary scientists came together in the "Most intelligent photo" ever taken.* My Modern Met. https://mymodernmet.com/the-solvay-conference-photo/

Nolte, D. D. (2023, October 24). *Dirac: From Quantum Field Theory to Antimatter.* Galileo Unbound. https://galileo-unbound.blog/2019/02/23/dirac-quantum-field-theory-to-antimatter/

Olwell, R. (1999). Physical Isolation and Marginalization in Physics: David Bohm's Cold War Exile. *Isis, 90*(4), 738–756. https://www.jstor.org/stable/237658

Ornes, S. (2017a). How Bose–Einstein condensates keep revealing weird physics. *Proceedings of the National Academy of Sciences, 114*(23), 5766–5768. https://doi.org/10.1073/pnas.1707804114

Ornes, S. (2017b). How Bose–Einstein condensates keep revealing weird physics. *Proceedings of the National Academy of Sciences, 114*(23), 5766–5768. https://doi.org/10.1073/pnas.1707804114

Parr, F. (2024, September 9). *23 April: On this day in history.* HistoryExtra. https://www.historyextra.com/on-this-day/23-april-on-this-day-in-history/

*Physics History January 2005*. (n.d.). American Physical Society. https://www.aps.org/apsnews/2005/01/einstein-photoelectric-effect

Popova, M. (2017a, November 7). *Love After Life: Nobel-Winning Physicist Richard Feynman's Extraordinary Letter to His Departed Wife*. The Marginalian. https://www.themarginalian.org/2017/10/17/richard-feynman-arline-letter/

Popova, M. (2017b, November 7). *Love After Life: Nobel-Winning Physicist Richard Feynman's Extraordinary Letter to His Departed Wife*. The Marginalian. https://www.themarginalian.org/2017/10/17/richard-feynman-arline-letter/

Sahni, V. (2022). Perspectives on determinism in quantum mechanics: Born, Bohm, and the "Quantal Newtonian" laws. *The Journal of Chemical Physics, 157*(24). https://doi.org/10.1063/5.0130945

Sevush, S. (2016). Quantum Consciousness. In *Springer eBooks* (pp. 231–249). https://doi.org/10.1007/978-3-319-33708-1_11

*S.N. Bose Scholar Exchange | WINStep Forward*. (n.d.). WINStep Forward. https://www.winstepforward.org/sn-bose-scholar-exchange/

Soul, Q., & Soul, Q. (2023, December 26). Max Planck's impact on the birth of quantum physics. *ScienceShot - Professional Insights, Unique Perspectives.* https://www.scienceshot.com/post/max-plancks-impact-on-the-birth-of-quantum-physics

Szabó, L. E. (2010). What remains of probability? In *Springer eBooks* (pp. 373–379). https://doi.org/10.1007/978-90-481-9115-4_26

*The dual nature of light as reflected in the Nobel archives.* (n.d.-a). NobelPrize.org. https://www.nobelprize.org/prizes/themes/the-dual-nature-of-light-as-reflected-in-the-nobel-archives/

*The dual nature of light as reflected in the Nobel archives.* (n.d.-b). NobelPrize.org. https://www.nobelprize.org/prizes/themes/the-dual-nature-of-light-as-reflected-in-the-nobel-archives/

*The Nobel Prize in Physics 1918.* (n.d.-a). NobelPrize.org. https://www.nobelprize.org/prizes/physics/1918/planck/facts/

*The Nobel Prize in Physics 1918.* (n.d.-b). NobelPrize.org. https://www.nobelprize.org/prizes/physics/1918/planck/facts/

*The Nobel Prize in Physics 1921.* (n.d.-a). NobelPrize.org. https://www.nobelprize.org/prizes/physics/1921/einstein/lecture/

*The Nobel Prize in Physics 1921.* (n.d.-b). NobelPrize.org. https://www.nobelprize.org/prizes/physics/1921/einstein/facts/

*The Nobel Prize in Physics 1921.* (n.d.-c). NobelPrize.org. https://www.nobelprize.org/prizes/physics/1921/summary/

*The Nobel Prize in Physics 1921.* (n.d.-d). NobelPrize.org. https://www.nobelprize.org/prizes/physics/1921/einstein/biographical/

Woit. (n.d.). *Not So Spooky Action at a Distance | Not Even Wrong.* https://www.math.columbia.edu/~woit/wordpress/?p=11056&cpage=1

Youvan, D. C. (2024a). Convergence of Thought: Exploring the Influence of Maya and Advaita Vedanta on Erwin Schrödinger's Quantum. . . *ResearchGate.* https://doi.org/10.13140/RG.2.2.14652.21122

Youvan, D. C. (2024b). Harassment in the McCarthy Era: The Impact on Notable Individuals from Various Fields. *ResearchGate.* https://doi.org/10.13140/RG.2.2.15200.49924

# 참고문헌

# PART2


American Institute of Physics. (2021). *Bright idea: The first lasers.* Bright Idea. https://history.aip.org/exhibits/laser/index.html

American Museum of Natural History. (2019). *Quantum theory.* American Museum of Natural History. https://www.amnh.org/exhibitions/einstein/legacy/quantum-theory

Ananthaswamy, A. (2021, July 14). *AI designs quantum physics experiments beyond what any human has conceived.* Live Science. https://www.livescience.com/ai-designs-quantum-physics-experiments.html

Aron, J. (2013). *Quantum chip connected to internet is yours to command.* New Scientist. https://www.newscientist.com/article/dn24159-quantum-chip-connected-to-internet-is-yours-to-command/?ignored=irrelevant

Arvin Ash. (2020). *The EPR Paradox & Bell's inequality explained simply*. YouTube. https://www.youtube.com/watch?v=f72whGQ31Wg

Aspect, A. (2007). To be or not to be local. *Nature, 446*(7138), 866–867. https://doi.org/10.1038/446866a

Assaraf, J. (2010, August 17). *Why you should be aware of quantum physics.* John Assaraf: Achieve Even More.

https://johnassaraf.com/why-you-should-be-aware-of-quantum-physics-2/

Baker, L. (2020, February 6). *A Skeptic's take on the law of attraction*. Medium. https://medium.com/assemblage/a-skeptics-take-on-the-law-of-attraction-54046f5a23b#:~:text=In%20its%20most%20basic%20form%2C%20the%20Law%20of%20Attraction

Ball, P. (2018). *Quantum physics may be even spookier than you think*. Scientific American. https://www.scientificamerican.com/article/quantum-physics-may-be-even-spookier-than-you-think/

BestOfScience. (2009, December 24). *A brief history of quantum mechanics*. YouTube. https://www.youtube.com/watch?v=B7pACq_xWyw

Bohr, N. (1987). *Essays 1932-1957 on atomic physics and human knowledge.* Ox Bow Press.

Boyd, R. (2015, June 10). *Quantum physics neuroscience*. Energetics Institute. https://www.energeticsinstitute.com.au/articles/quantum-physics-neuroscience/

Boyle, A. (2008). *Discovery or doom? Collider stirs debate*. NBC News. https://www.nbcnews.com/id/wbna24556999

Brubaker, B. (2021, July 20). *How Bell's theorem proved "spooky action at a distance" is real.* Quanta Magazine.

https://www.quantamagazine.org/how-bells-theorem-proved-spooky-action-at-a-distance-is-real-20210720/

Brukner, C. (2018, March 28). Causality in a quantum world. *Physics Today.* https://physicstoday.scitation.org/do/10.1063/pt.6.1.20180328a/full/

Buttar, S. (2021, April 23). *On his 162nd anniversary of birth, here are 15 most beautiful quotes by Max Planck.* The Secrets of the Universe. https://www.secretsofuniverse.in/15-max-planck-quotes/

Carroll, S. (2019, September 7). Even physicists don't understand quantum mechanics. *The New York Times.* https://www.nytimes.com/2019/09/07/opinion/sunday/quantum-physics.html#:~:text=%E2%80%9CI%20think%20I%20can%20safely

Cena, C., & Foster, E. (2019). *The Theory of Relativity lesson for kids.* Study. https://study.com/academy/lesson/the-theory-of-relativity-lesson-for-kids.html

CERN. (2000). *The Higgs boson.* Home.cern. https://home.cern/science/physics/higgs-boson

Cho, A. (2010). The first quantum machine. *Science, 330*(6011), 1604–1604. https://doi.org/10.1126/science.330.6011.1604

Code.org. (2018a). *How computers work: Circuits and logic.* YouTube. https://www.youtube.com/watch?v=ZoqMiFKspAA

Code.org. (2018b). *How computers work: What makes a computer, a computer?* YouTube. https://www.youtube.com/watch?v=mCq8-xTH7jA

Coolman, R. (2014, September 26). *What is quantum mechanics?* Live Science; https://www.livescience.com/33816-quantum-mechanics-explanation.html

Corbin, K. (2021). *The Law of Attraction and quantum physics*. Law of Attraction Resource Guide. https://www.lawofattractionresourceguide.com/the-law-of-attraction-and-quantum-physics/

Coulter, D. (2011). *A freaky fluid inside Jupiter?* NASA Science. https://science.nasa.gov/science-news/science-at-nasa/2011/09aug_juno3

Crane, L. (2019). *Heat can quantum leap across a totally empty vacuum*. New Scientist. https://www.newscientist.com/article/2226783-heat-can-quantum-leap-across-a-totally-empty-vacuum/

Desgreniers, S. (2020). A milestone in the hunt for metallic hydrogen. *Nature*, *577*(7792), 626–627. https://doi.org/10.1038/d41586-020-00149-7

Digital Watch Central. (2021). *How do digital watches keep time?* Digital Watch Central. https://digitalwatchcentral.com/how-do-digital-watches-keep-time/

Domenech, F. (2020, February 21). *Metallic hydrogen and the race to bag the unicorn of physics*. OpenMind. https://www.bbvaopenmind.com/en/science/physics/metallic-hydrogen-a-high-pressure-race-to-bag-the-unicorn-of-physics/

Einstein, A., & Born, M. (2014). *Born-einstein letters 1916-1955: Friendship, politics and physics in uncertain times.* Palgrave Macmillan.

Elhashash, M. (2020). *Modern physics: Its history, theories, and the practical experience of its virtual labs*. Praxilabs. https://blog.praxilabs.com/2020/07/30/modern-physics-history-theories/#The_Birth_of_Modern_Physics

Estes, D. (2020, April 3). *Physics of the law of attraction observe.* InnerSense. https://innersense-inc.com/physics-of-the-law-of-attraction-i-observe-therefore-i-am/

Everett, F. (2006, December). *James Clerk Maxwell: A force for physics*. Physics World. https://physicsworld.com/a/james-clerk-maxwell-a-force-for-physics/

February 2017, C. C. 13. (2017, February 13). *600-year-old starlight bolsters Einstein's "spooky action at a distance."* Space. https://www.space.com/35676-einstein-spooky-action-starlight-quantum-entanglement.html#:~:text=Entanglement%20is%20what%20Einstein%20referred

Fedrizzi, A., & Proietti, M. (2019). *Objective reality doesn't exist, quantum experiment shows*. Live Science.

https://www.livescience.com/objective-reality-not-exist-quantum-physicists.html

Fein, Y.Y., Geyer, P., Zwick, P., Kilaka, F., Pedalino, S., Mayor, M., Gerlich, S., Arndt, M. Quantum superposition of molecules beyond 25 kDa. *Nat. Phys.* 15, 1242–1245 (2019). https://doi.org/10.1038/s41567-019-0663-9

Filmer, J. (2013, December 25). *Sir Isaac Newton: Father of modern science*. Futurism. https://futurism.com/sir-isaac-newton-father-of-modern-science-2

Fore, M. (2019, March 15). *Physicists reverse time for tiny particles inside a quantum computer*. Live Science. https://www.livescience.com/65000-quantum-computer-turns-back-time.html

Gallardo, F. (2019, July 24). *The arrow of time*. Medium. https://medium.com/tourism-futures/the-arrow-of-time-644c32fdba26

Gell-Mann, M. (n.d.). *Murray Gell-Mann quotes*. BrainyQuote. https://www.brainyquote.com/quotes/murray_gellmann_305942

Gibney, E. (2019). Hello quantum world! Google publishes landmark quantum supremacy claim. *Nature*, *574*(7779), 461–462. https://doi.org/10.1038/d41586-019-03213-z

Gouldson, S. (2014, June 2). *Untangling quantum entanglement: A child-friendly explanation*. JUMP! MAG. http://jumpmag.co.uk/quantum-entanglement/

Heisenberg, W. (1975). *Across the frontiers.* Harper & Row.

Heisenberg, W. (2020). *Great quotes by Werner Heisenberg.* Quotes. https://quotes.thefamouspeople.com/werner-heisenberg-5202.php

Herman, R. (2018). *How fast is the earth moving?* Scientific American. https://www.scientificamerican.com/article/how-fast-is-the-earth-mov/#:~:text=As%20schoolchildren%2C%20we%20learn%20that

History.com Editors. (2018, December 14). *The birth of quantum theory.* History. https://www.history.com/this-day-in-history/the-birth-of-quantum-theory

Hossenfelder, S. (2019). *How we know that Einstein's General Relativity can't be quite right.* YouTube. https://www.youtube.com/watch?v=Ov98y_DCvRY

Jenner, N. (2014, December). *Five practical uses for "spooky" quantum mechanics.* Smithsonian Magazine; https://www.smithsonianmag.com/science-nature/five-practical-uses-spooky-quantum-mechanics-180953494/

Jennings, R. (2020, October 23). *Manifesting is the new astrology.* Vox. https://www.vox.com/the-goods/21524975/manifesting-does-it-really-work-meme

Joint Quantum Institute. (2016). *Quantum superposition.* JQI. https://jqi.umd.edu/glossary/quantum-superposition

Kids Encyclopedia Facts. (2021a). *General relativity facts for kids.* Kiddle. https://kids.kiddle.co/General_relativity

Kids Encyclopedia Facts. (2021b). *Quantum entanglement facts for kids*. Kiddle. https://kids.kiddle.co/Quantum_entanglement

Kids Encyclopedia Facts. (2021c). *Wave–particle duality facts for kids*. Kiddle. https://kids.kiddle.co/Wave%E2%80%93particle_duality

Kleppner, D. (2000). One hundred years of quantum physics. *Science, 289*(5481), 893–898. https://doi.org/10.1126/science.289.5481.893

Kramer, M. (2013, August 14). *The physics behind Schrödinger's cat paradox*. National Geographic. https://www.nationalgeographic.com/science/article/130812-physics-schrodinger-erwin-google-doodle-cat-paradox-science

Kumar, V. (2020). *14 best examples of convection with simple explanation*. RankRed. https://www.rankred.com/best-examples-of-convection/

Lanese, N. (2021, March 17). *Why does DNA spontaneously mutate? Quantum physics might explain.* Live Science. https://www.livescience.com/quantum-physics-dna-mutations.html

Letzter, R. (2019a). *Giant molecules exist in two places at once in unprecedented quantum experiment.* Scientific American. https://www.scientificamerican.com/article/giant-molecules-exist-in-two-places-at-once-in-unprecedented-quantum-experiment/

Letzter, R. (2019b). *The 12 most important and stunning quantum experiments of 2019.* Live Science.

https://www.livescience.com/most-important-surprising-quantum-physics-of-2019.html

Letzter, R. (2019c, May 20). *There's a brand-new kilogram, and it's based on quantum physics.* Live Science. https://www.livescience.com/65522-new-kilogram.html

Letzter, R. (2019d, June 28). *After decades of hunting, physicists claim they've made quantum material from depths of Jupiter.* Live Science. https://www.livescience.com/65827-metallic-hydrogen-claim.html

Lillelund, J. (2019, November 25). *Quantum computing explained so kids understand.* IBM Nordic Blog. https://www.ibm.com/blogs/nordic-msp/quantum-computing-kids-understand/

Lloyd, S. (2010). *Programming the universe: A quantum computer scientist takes on the cosmos.* Vintage Books.*thermodynamics?* Live Science; https://www.livescience.com/50941-second-law-thermodynamics.html

Lumen. (2019). *Planck's quantum theory: Introduction to chemistry.* Lumen Learning. https://courses.lumenlearning.com/introchem/chapter/plancks-quantum-theory/

Lumen. (2021a). *Applications of quantum mechanics.* Lumen Learning. https://courses.lumenlearning.com/boundless-physics/chapter/applications-of-quantum-mechanics/

Lumen. (2021b). *Discovery of the atom*. Lumen Learning. https://courses.lumenlearning.com/physics/chapter/30-1-discovery-of-the-atom/

MacDonald, F. (2019). *Scientists just unveiled the first-ever photo of quantum entanglement*. ScienceAlert. https://www.sciencealert.com/scientists-just-unveiled-the-first-ever-photo-of-quantum-entanglement

Macias, A. (2016). *The world's brightest scientific minds posed for this 1927 photo after historic debates about quantum mechanics*. Business Insider. https://www.businessinsider.com/solvay-conference-1927-2015-4

Mann, A. (2019, August 29). *What is the theory of everything?* Space; https://www.space.com/theory-of-everything-definition.html

Markoff, J. (2014, May 29). Scientists report finding reliable way to teleport data. *The New York Times*. https://www.nytimes.com/2014/05/30/science/scientists-report-finding-reliable-way-to-teleport-data.html

Masram, V. (2014). *Simple relativity: Understanding Einstein's special theory of relativity*. YouTube. https://www.youtube.com/watch?v=TgH9KXEQ0YU

Mathas, C. (2019, August 13). *EDN - The basics of quantum computing—A tutorial*. EDN. https://www.edn.com/the-basics-of-quantum-computing-a-tutorial/

Merali, Z. (2020). *This twist on Schrödinger's cat paradox has major implications for quantum theory*. Scientific American. https://www.scientificamerican.com/article/this-twist-on-schroedingers-cat-paradox-has-major-implications-for-quantum-theory/

Merriam-Webster. (2018). *Relative*. Merriam-Webster. https://www.merriam-webster.com/dictionary/relative

Metcalfe, T. (2021, August 18). *Fusion experiment breaks record, blasts out 10 quadrillion watts of power*. Live Science. https://www.livescience.com/fusion-experiment-record-breaking-energy.html

Minutephysics. (2011). T*he arrow of time feat. Sean Carroll.* YouTube. https://www.youtube.com/watch?v=GdTMuivYF30

Minutephysics. (2021). *General relativity explained in 7 levels of difficulty.* YouTube. https://www.youtube.com/watch?v=eNhJY-R3Gwg

MRI Lincoln Imaging Center. (2019). *Where was the MRI san invented.* MRI Lincoln Imaging Center. http://mrilincolnimaging.com/where-was-the-mri-scan-invented/

NASA. (2021). *Our Sun*. NASA Solar System Exploration. https://solarsystem.nasa.gov/solar-system/sun/in-depth/#:~:text=Orbit%20and%20Rotation

New Scientist. (2021). *Quantum physics*. New Scientist. https://www.newscientist.com/definition/quantum-physics/

Newton, S. I. (2019). *BrainyQuote*. BrainyQuote; https://www.brainyquote.com/quotes/isaac_newton_135885

Norton, J. D. (2020, November 9). *Origins of quantum theory*. University of Pittsburgh. https://sites.pitt.edu/~jdnorton/teaching/HPS_0410/chapters/quantum_theory_origins/

O'Connell, C. (2016, February 28). *Quantum physics for the terminally confused*. Cosmos Magazine. https://cosmosmagazine.com/physics/quantum-physics-terminally-confused/

Odenwald, S. (2019). *Gravity Probe B: Special and general relativity questions and answers*. Stanford. https://einstein.stanford.edu/content/relativity/a11758.html

Orzel, C. (2015a). *What has quantum mechanics ever done for us?* Forbes. https://www.forbes.com/sites/chadorzel/2015/08/13/what-has-quantum-mechanics-ever-done-for-us/?sh=43cb8c7b4046

Orzel, C. (2015b, July 8). *Six things everyone should know about quantum physics*. Forbes. https://www.forbes.com/sites/chadorzel/2015/07/08/six-things-everyone-should-know-about-quantum-physics/?sh=5eaab8af7d46

Pappas, S. (2019, August 28). *Quantum gravity could reverse cause and effect*. Live Science. https://www.livescience.com/quantum-gravity-could-scramble-cause-and-effect.html

Philo Notes. (2020, September 16). *Descartes's concept of the self.* PHILO-Notes. https://philonotes.com/index.php/2020/09/16/descartess-concept-of-the-self/#:~:text=Descartes

Popkin, G. (2018, April 25). *Einstein's "spooky action at a distance" spotted in objects almost big enough to see*. Science. https://www.sciencemag.org/news/2018/04/einstein-s-spooky-action-distance-spotted-objects-almost-big-enough-see

Real World Physics Problems. (2019). *Quantum physics for kids.* Real World Physics Problems. https://www.real-world-physics-problems.com/quantum-physics-for-kids.html

Rosengreen, C. (2019, April 16). *Researchers develop quantum device to generate possible futures.* HPCwire. https://www.hpcwire.com/2019/04/16/researchers-develop-quantum-device-to-generate-possible-futures/

Sarkar, D. (2021, May 19). *20 brilliant quotes from Albert Einstein, the theoretical physicist who became world famous.* Discover Magazine. https://www.discovermagazine.com/the-sciences/20-brilliant-quotes-from-albert-einstein-the-theoretical-physicist-who

Schrodinger, E. (1933). The fundamental idea of wave mechanics: Nobel Lecture, December 12, 1933. In *Nobel Prize.* https://www.nobelprize.org/uploads/2017/07/schrodinger-lecture.pdf

SchrödingerE. (1983). *My view of the world.* Ox Bow Press.

Skibba, R. (2018). *Einstein, Bohr and the war over quantum theory.* Nature. https://www.nature.com/articles/d41586-018-03793-2

Slocombe, L., Al-Khalili, J. S., & Sacchi, M. (2021). Quantum and classical effects in DNA point mutations: Watson–Crick tautomerism in AT and GC base pairs. *Physical Chemistry Chemical Physics, 23*(7), 4141–4150. https://doi.org/10.1039/D0CP05781A

Specktor, B. (2019, April 19). *This quantum computer can see the future — All 16 of them.* Live Science. https://www.livescience.com/65271-quantum-computer-sees-16-futures.html

Tate, K. (2013, April 8). *How quantum entanglement works (infographic).* Live Science; https://www.livescience.com/28550-how-quantum-entanglement-works-infographic.html

Technological Solutions Inc. (2021). *Physics for kids: Theory of Relativity - Light and time.* Ducksters. https://www.ducksters.com/science/physics/relativity_light_time.php

TEDx Talks. (2016, May 24). *Quantum physics for 7 year olds | Dominic Walliman.* YouTube. https://www.youtube.com/watch?v=ARWBdfWpDyc

The Editors of Encyclopedia Britannica. (2017). Thomson atomic model. In *Encyclopædia Britannica.* https://www.britannica.com/science/Thomson-atomic-model

The Royal Institution, & Carroll, S. (2020). *A brief history of quantum mechanics.* YouTube. https://www.youtube.com/watch?v=5hVmeOCJjOU

The Science Asylum. (2018). *The ultimate guide to space-time and relativity*. YouTube. https://www.youtube.com/watch?v=FdWMM6aXpYE&t=327s

Turner, B. (2021a, May 3). *Scientists make a breakthrough in developing the quantum internet.* Live Science. https://www.livescience.com/three-node-quantum-network.html

Turner, B. (2021b, August 16). *Famous Einstein equation used to create matter from light for first time*. Live Science. https://www.livescience.com/einstein-equation-matter-from-light

University of Chicago. (2019). *Machine learning reveals hidden turtle pattern in quantum fireworks*. Phys.org. https://phys.org/news/2019-02-machine-reveals-hidden-turtle-pattern.html

Valdano, D. (2017, March 3). *Physics mistranslated: Spooky action at a distance*. Medium. https://medium.com/physics-as-a-foreign-language/physics-mistranslated-fa83efdfa314

Watson, J. (2017, May 13). *Famous codes and ciphers through history and their role in modern encryption*. Comparitech. https://www.comparitech.com/blog/information-security/famous-codes-and-ciphers-through-history-and-their-role-in-modern-encryption/

Weisberger, M. (2019). *Truly spooky: How ghostly quantum particles fly through barriers almost instantly*. Live Science. https://www.livescience.com/65043-tunneling-quantum-particles.html

Westphal, J. (2019, August 8). *Descartes and the discovery of the mind-body problem*. The MIT Press Reader. https://thereader.mitpress.mit.edu/discovery-mind-body-problem/

Wigmore, I. (2019). *What is Schrodinger's cat?* WhatIs.com. https://whatis.techtarget.com/definition/Schrodingers-cat

Wilczek, F. (2016, April 28). *Entanglement made simple*. Quanta Magazine. https://www.quantamagazine.org/entanglement-made-simple-20160428/

Wolchover, N. (2014). *Quantum entanglement drives the arrow of time, scientists say*. Quanta Magazine. https://www.quantamagazine.org/quantum-entanglement-drives-the-arrow-of-time-scientists-say-20140416/

Wolchover, N. (2020). *Quantum tunnels show how particles can break the speed of light*. Quanta Magazine. https://www.quantamagazine.org/quantum-tunnel-shows-particles-can-break-the-speed-of-light-20201020/

Wood, C. (2021, June 10). *Physicists link "quantum memories" in early step toward quantum internet*. Live Science. https://www.livescience.com/quantum-internet-repeater.html

World Science Festival. (2015). *What is the difference between special relativity and general relativity?* YouTube. https://www.youtube.com/watch?v=_QA8y-xGlRI

Zych, M., Costa, F., Pikovski, I., Brukner, C. Bell's theorem for temporal order. *Nat Commun* 10, 3772 (2019). https://doi.org/10.1038/s41467-019-11579-x

Zyga, L. (2017, July 5). *Physicists provide support for retrocausal quantum theory, in which the future influences the past.* Phys.org; https://phys.org/news/2017-07-physicists-retrocausal-quantum-theory-future.html

# 찾아보기

## Q



## S



## T



## U

# 비전공자를 위한 양자물리학

**위대한 발견으로 읽는 양자역학의 핵심 원리**

**발행** · 2026년 1월 20일

**지은이** · 판테온 스페이스 아카데미
**옮긴이** · 남기환

**발행인** · 황영주
**펴낸곳** · 에이콘출판 주식회사

**주소** · 서울특별시 강서구 양천로 583 우림블루나인비즈니스센터 A동 2009호
**전화** · 02)2653-7600 | **팩스** · 02)2653-0433
**홈페이지** · www.acornpub.co.kr | **독자문의** · www.acornpub.co.kr/contact/errata

**책임편집** · 임승경 | **편집** · 강승훈, 임지원 | **디자인** · 윤서빈
**홍보** · 박혜경, 백경화 | **경영지원** · 최하늘, 김희지

**함께 만든 사람들**
**본문편집** · 정재은 | **전산편집** · 장진희

**깊이 있는 콘텐츠로 미래를 준비하는 지식 플랫폼, 에이콘출판사**

인스타그램 · instagram.com/acorn_pub
페이스북 · facebook.com/acornpub
유튜브 · youtube.com/@acornpub_official


ISBN 979-11-6175-999-9
http://www.acornpub.co.kr/book/9791161759999

책값은 뒤표지에 있습니다.